Die deutschen Autos der Wirtschaftswunderzeit

D
HA R 420
FORD

Brigitte Podszun

DIE DEUTSCHEN AUTOS DER WIRTSCHAFTSWUNDERZEIT

Typen, Technik, Marken

PODSZUN
MOTORBÜCHER

5. Auflage 1992
Verlag Podszun-Motorbücher
Bahnhofstraße 9
D-5790 Brilon

Herstellung:
Druckhaus Cramer, Greven

ISBN 3-923448-15-5
VVA 293-00015-9

Inhaltsverzeichnis

Alle wichtigen Modelle der in der Bundesrepublik zwischen etwa 1948 und 1959 gebauten Pkw werden in Wort und Bild dargestellt und mit technischen Daten versehen.

Die tabellarisch erfaßten Daten, Maße und Preise haben sich im Laufe der Entwicklung natürlich verändert. Angegeben sind deshalb in der Regel die Werte bei Herausgabe der Wagen. Differenzen in der Angabe der Preise sind oft darauf zurückzuführen, daß diese – im Gegensatz zu heutigen Gegebenheiten – Mitte bis Ende der fünfziger Jahre sanken.

Es werden jeweils jene Daten und Fakten bevorzugt wiedergegeben, die von heute noch existierenden Firmen autorisiert sind. Ansonsten wurde auf zeitgenössische Literatur, Prospekte oder Auskünfte ehemaliger Firmenchefs oder anderer Betriebsangehöriger zurückgegriffen.

Sollten dennoch Fehler oder Ungenauigkeiten aufgetreten sein, was bei oft widersprechender Quellenlage möglich ist, so bittet die Herausgeberin um Richtigstellung, die bei einer weiteren Auflage berücksichtigt werden kann.

Das deutsche Wirtschaftswunder

„Zerstören ist leichter als aufbauen." Dieses Sprichwort wird sicher mancher gesagt haben, als er 1945 vor den Trümmern steht, die der Zweite Weltkrieg hinterlassen hat. Deutschland liegt beinahe vollständig darnieder, so daß eine enorme Anstrengung vonnöten ist, dieses Land wieder zu einem Staat zu machen, in dem es sich leben läßt und zu leben lohnt. Die sogenannten „Trümmerfrauen" fangen an, mit unermüdlichem Einsatz Übriggebliebenes wieder verwertbar zu machen, um Materialien für den Aufbau zu erhalten. Hilfe kommt im April 1948 von den Amerikanern aus dem Marshallplan, der etwa 550 Millionen Dollar zur Verfügung stellt. Der eigentliche Startschuß aber für das, was heute als das deutsche Wirtschaftswunder gilt, ist die Währungsreform, die am 20. Juni 1948 jedem Bürger des Staates gegen 40 Reichsmark 40 DM zukommen läßt und später nochmals 20 DM. Damit ist die Kaufkraft geschaffen, man hat Kapital und kann dieses einsetzen. Schwarzmärkte haben keine Existenzgrundlage mehr, Geschäfte eröffnen, und die Soziale Marktwirtschaft unter Ludwig Erhard beginnt. Der legale Handel blüht auf, und so ist es nicht verwunderlich, daß schon 1949 die erste deutsche Auto-Neukonstruktion nach dem Krieg vorgestellt wird: der Hansa 1500 von Borgward.

Wünsche werden geweckt, und jeder hat allmählich die Mittel, sich kleine oder auch große Wünsche zu erfüllen. Das fördert den Wettbewerb im wirtschaftlichen Bereich, und die Industrie erlebt einen unglaublichen Aufschwung. Unternehmer, Angestellte und Arbeiter schaffen mit beispiellosem Einsatz und Fleiß innerhalb kurzer Zeit aus dem Nichts einen Staat, der schon bald über seine Grenzen hinaus Anerkennung und Bewunderung findet. Aufträge aus dem Ausland folgen. Es kann äußerst günstig produziert werden, weil jeder bereit ist, unter harten Konditionen zu schaffen. So hat Opel schon Mitte 1951 eine viertel Million seiner Wagen exportiert, und das Volkswagenwerk, dessen Produkt das Symbol für das Wirtschaftswunder schlechthin ist, wird in der Zeit von 1948 bis 1955 zum viertgrößten Automobilhersteller der Welt. Insgesamt gesehen hat sich die Autoproduktion in der Bundesrepublik verachtfacht. Der Auftragsboom führt dazu, daß bereits 1955/56 erste Gastarbeiter geholt werden und die Bevölkerung allmählich zu einem gewissen Wohlstand kommt. Damit wird der Traum vom eigenen Auto zum Ziel eines jeden Bundesbürgers. Die gesellschaftliche Stellung, Prestige und nicht zuletzt auch die Möglichkeit der Einflußnahme werden am eigenen Pkw gemessen.

Das nimmt die Automobilindustrie zum Anlaß, eine eigene Kleinwagenindustrie aufzubauen. So bringen zahlreiche neue Betriebe und fast alle führenden Firmen Anfang der fünfziger Jahre günstige Kleinwagen für den nicht so begüterten Verbraucher auf den Markt. Als Beispiel seien nur genannt BMW, die 1955 die Isetta vorstellen, Borgward präsentiert im Jahr 1950 den Lloyd LP 300, und die kleine Firma Messerschmitt führt im März 1953 den legendären Kabinenroller vor. So kann jeder, der einen eigenen Wagen vor der Tür stehen hat, mit Recht von sich behaupten: Ich habe es zu etwas gebracht.

Das führt dazu, daß 1953 ungefähr eine Million Autos in der Bundesrepublik gefahren werden. Die Entwicklung geht kontinuierlich und schnell voran. Das Straßennetz und insbesondere auch das Autobahnnetz werden infolgedessen wieder hergestellt und erweitert. Arbeitslose finden Arbeit, und 1960 wird Vollbeschäftigung verzeichnet. Der gestiegene Wohlstand weckt Ende der fünfziger Jahre den Wunsch nach einem Zweitwagen in vielen Bürgern, was die Garantie für weiteres Anwachsen der Autoproduktion ist. Die westdeutsche Industrie hat einen Aufschwung ohnegleichen genommen, die Wirtschaft läuft auf vollen Touren, und die Adenauer-Regierung kann voller Stolz von sich behaupten: Wir haben es geschafft, wir sind wieder wer.

Bundeskanzler Adenauer mit US-Präsident Eisenhower
bei dessen Besuch in Bonn am 26. Juli 1959

Auto-Union DKW

Als die Wellen der Weltwirtschaftskrise Anfang der dreißiger Jahre am höchsten schlagen, geraten die sächsischen Automobilfabriken – wie fast alle Industriebetriebe – in wirtschaftliche Not. Rettungsanker soll der Zusammenschluß der Firmen Horch, Audi, DKW und Wanderer sein. Die Fusion gelingt und 1932 fährt man unter der Gemeinschaftsflagge „Auto-Union" einer wirtschaftlich besseren Zeit entgegen. Die Steuermänner auf dem Schiff mit dem Zeichen der vier Ringe: Dr. Bruhn und Freiherr von Oertzen für den kaufmännischen Bereich, Jörgen Rasmussen für die Technik und Dr. Carl Hahn für den Vertrieb.

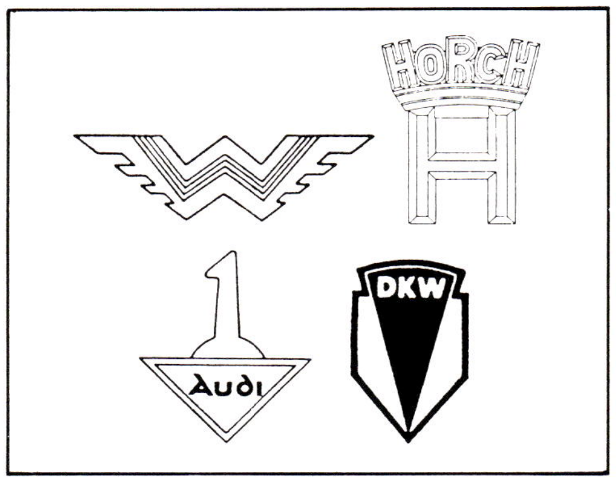

Zunächst fällt es noch schwer, die 20.000 Mitarbeiter zu beschäftigen, aber mit dem politischen Umschwung 1933/34 profitiert auch der neue Konzern vom allgemeinen Auftrieb der deutschen Kraftfahrt. Der 1933 entwickelte und 1934 produzierte 2-Liter-Audi mit Frontantrieb ist die erste größere Gemeinschaftsarbeit: Wanderer baut den Motor, DKW den Frontantrieb, verschiedene Bauteile liefert Horch, und die Karosserie kommt von Audi. Der elegante Sechszylinder mit seinen überlegenen Fahreigenschaften wird ein guter Verkaufserfolg. Rennsportsiege der Auto-Union mit Männern wie Hans Stuck und Bernd Rosemeyer bleiben nicht ohne Resonanz auf den Verkauf: 1938 werden 62.000 Autos und 63.000 Motorräder produziert. Die Auto-Union exportiert in 67 Länder und hält in Deutschland einen Marktanteil von 22 Prozent.

Nach dem Zweiten Weltkrieg werden die verschiedenen Auto-Union-Fabriken, die alle in Sachsen liegen, von der russischen Besatzung enteignet, und 1949 wird die Bezeichnung „Auto-Union" im Handelsregister von Chemnitz, dem Verwaltungssitz des Konzerns, gelöscht.

In der Bundesrepublik sammeln die beiden ehemaligen Vorstandsmitglieder Dr. Richard Bruhn und Dr. Carl Hahn frühere Belegschaftsmitglieder um sich und gründen in Ingolstadt ein Auto-Union-Ersatzteillager, aus dem am 3. September 1949 die „Auto-Union GmbH" entsteht. 1950 beginnt in einem Werk in Düsseldorf die Personenwagenproduktion mit dem DKW Meisterklasse, von dem in diesem Jahr noch 1.000 Stück gebaut werden. 1953 läuft schon der 50.000. Nachkriegs-DKW vom Band, und der Firmensitz wird von Ingolstadt nach Düsseldorf verlegt. In den folgenden Jahren erlebt die Auto-Union mit der Marke DKW eine neue Blütezeit, die jedoch nicht lange andauert. Die Epoche der Zweitaktautos geht langsam, aber sicher ihrem Ende entgegen. 1958 erwirbt Daimler-Benz 88 Prozent des Kapitals der Auto-Union und ein Jahr darauf den Rest. 1961 wird die DKW-Produktion vom Rhein nach Ingolstadt verlegt, weil Daimler-Benz das Düsseldorfer Werk für seine Kleinlaster-Produktion verwenden will. Im gleichen Jahr stirbt Dr. Carl Hahn, der engagierteste Verfechter des Zweitaktmotors, und mit dem Verkauf der Auto-Union von Daimler-Benz an den VW-Konzern 1965 ist das Ende des Zweitaktmotors für den Pkw gekommen, der der Marke DKW zu so großer Popularität verholfen hat.

Dr.-Ing. h. c. Carl Hahn

VW stellt die DKW-Produktion Anfang 1966 ein, weil sich der Audi inzwischen besser verkaufen läßt, und 1969 geht die Auto-Union in die sogenannte „AUDI NSU AUTO UNION AG" ein, die bis heute unter der VW-Regie Autos mit der Marke „Audi" produziert.

DKW Meisterklasse 1950-1952

DKW Meisterklasse Cabriolet 1953-1954

DKW Meisterklasse 1950 bis 1954

Motor:	Zweitakt-Zweizylinder in Reihe, wassergekühlt, Hubraum 684 ccm, Bohrung x Hub 76 x 76 mm, 23 PS bei 4200 U/min., Verdichtung 6,25:1, 1 Fallstromvergaser, Zweitakt-Gemisch-Schmierung 1:25
Getriebe:	Ölbad-Mehrscheibenkupplung (Einscheibentrockenkupplung), 3 Gänge (4), Stockschaltung am Armaturenbrett, Frontantrieb
Fahrwerk:	Kastenprofil-Rahmen, Ganzstahlkarosserie, Querlenker unten vorn, Rohr-Starrachse hinten, hydraulische Trommelbremse
Elektrik:	Batterie 6 V, Lichtmaschine Dynastart-Anlage 150 W (180 W)
Maße:	4200 x 1600 x 1450 mm (4055 x 1520 x 1555 mm), Radstand 2350 mm (2450 mm), Spur 1190 / 1260 mm, Gewicht 860 kg (900 kg), Reifen 5,50-16, Wendekreis 11,7 m (12 m)
Meßwerte:	Spitze 100 km/h (95 km/h), Beschleunigung von 0 auf 100 in 55 Sek., Verbrauch 8,5 l (9 l)
Stückzahlen:	59.475 (6.415)
Preise:	Limousine 1950 5.830 DM, 1951 6.030 DM und 1953 5.640 DM, Cabriolet 7.730 DM mit 4 Sitzen, 9.100 DM mit 2 Sitzen, Coupé 9.100 DM, Universal-Kombi 6.600 DM
	Die Angaben in Klammern () betreffen den Typ Universal-Kombi

Die Abkürzung „DKW", oft falsch gedeutet mit „Deutscher Dampfkraftwagen" oder „Deutscher Kraftwagen", heißt richtig „Des Knaben Wunsch" und wird von dem Dänen Rasmussen für seine Spielzeugmotoren verwendet, die er in den zwanziger Jahren in Sachsen herstellt.

„Meisterklasse" ist der erste Nachkriegswagen der neu gegründeten Auto-Union GmbH. Er basiert auf dem Meisterklasse-Vorkriegsmodell, bietet aber etliche Verbesserungen wie die hydraulische Bremse, höhere Motorleistung, Chassis mit Längsprofil- statt Zentralträgern und besticht durch seine neue aerodynamische Form und den eleganten Gesamteindruck. Außer der normalen Limousine bieten Karmann ein Viersitzer-Cabriolet und Hebmüller ein Zweisitzer-Coupé und -Cabriolet an. Die Kombi-Ausführung, bei DKW „Universal" genannt, wird in einer Holz-Stahl-Kombination und ab 1953 aus Ganzstahl gebaut. Wegen der vielfältigen Verwendungsmöglichkeiten nennt die Werbung den Universal „Mädchen für alles".

Das DKW Luxus-Zweisitzer-Coupé wird in einem Prospekt von 1952 mit folgendem Text beworben: „Gepflegte Kultur vereint sich mit bestechender Eleganz. Die vornehme Innenausstattung macht diese neue Schöpfung zu einem Fahrzeug, wie es schöner nicht hätte geschaffen werden können. Freunde sportlicher Fahrweise begeistert das rassige Temperament – bei größter Sparsamkeit."

Der DKW Universal ist ein geräumiger Personenwagen mit einer Ladefläche von fast 2 qm. Die hinteren Sitze kann man im Boden versenken. Wahlweise gibt es eine doppelflüglige Hecktür oder waagerecht liegende, feststellbare Heckklappen, die sich zum Transport überhängender Ladegüter eignen. Die verdrehbaren Vordersitzlehnen können als Kopfpolster zum Schlafen abgeklappt werden. Also wirklich „universal"!

Der DKW Stadtlieferwagen verfügt über eine glatte Grundfläche von 1450 mm Länge und 1350 mm Breite sowie eine Höhe von 800 mm. Nutzraum: 1,7 cbm. Zwischen Trennwand zur Ladefläche und Fahrersitz befindet sich ein zusätzlicher Handgepäckraum. Die doppelflüglige Hecktür sorgt für gute Be- und Entlademöglichkeiten.

DKW Sonderklasse 1953 bis 1955

Motor:	Zweitakt-Dreizylinder in Reihe, wassergekühlt, Hubraum 896 ccm, Bohrung x Hub 71 x 76 mm, 34 PS bei 4000 U/min., Verdichtung 6,5:1, 1 Fallstromvergaser, Zweitakt-Gemisch-Schmierung 1:25, ab 1954 Shell-Mixer
Getriebe:	Einscheibentrockenkupplung, 3 Gänge (4), Lenkradschaltung, Frontantrieb
Fahrwerk:	Kastenprofil-Rahmen, Ganzstahlkarosserie, Querlenker unten vorn, Rohr-Starrachse hinten, hydraulische Trommelbremse
Elektrik:	Batterie 6 V, Lichtmaschine 130 W
Maße:	4200 x 1600 x 1450 mm (4120 x 1520 x 1555 mm), Radstand 2350 mm (2450 mm), Spur 1190 / 1250 mm, Gewicht 910 kg (925 kg), Reifen 5,60-15, Wendekreis 11,7 m (12 m)
Meßwerte:	Spitze 120 km/h (110 km/h), Beschleunigung von 0 auf 100 in 34 Sek., Verbrauch 10 l (10,5 l)
Stückzahlen:	57.407 (15.193)
Preise:	Limousine 5.170 DM bis 6.290 DM, Coupé mit 4 Sitzen 6.070 DM bis 7.000 DM, Coupé mit 2 Sitzen 8.800 DM, Cabriolet mit 4 Sitzen 7.440 DM bis 7.800 DM, Cabriolet mit 2 Sitzen 8.800 DM, Universal-Kombi 6.270 DM bis 6.600 DM
	Die Angaben in Klammern () betreffen den Typ Universal-Kombi

Die Sonderklasse löst die Meisterklasse ab und ist erstmals mit einem Dreizylindermotor ausgestattet. Der Wagen wird im Frühjahr 1953 anläßlich der Frankfurter Automobil-Ausstellung vorgestellt und findet großen Anklang. Das Getriebe ist verbessert, die Leistung und der Hubraum vergrößert und die Karosserie verfeinert. Die Fenster sind größer geworden, und das „Allsicht-Coupé" ist mit der Panorama-Heckscheibe ausgestattet. Wie das Vormodell, ist auch die Sonderklasse als Cabriolet und Universal zu bekommen, und das „Luxus-Coupé", das sich von der Limousine nur durch pfostenlose Seitenfenster unterscheidet, hat eine aufwendigere Innenausstattung.

DKW Sonderklasse Karmann-Cabriolet

DKW Sonderklasse 1953-1955

Großer DKW 3 = 6
1955 bis 1959

Motor:	Zweitakt-Dreizylinder in Reihe, wassergekühlt, Hubraum 996 ccm, Bohrung x Hub 71 x 76 mm, 38 PS bei 4200 U/min. (40 PS bei 4250 U/min.), Verdichtung 6,5:1 (7:1), 1 Fallstromvergaser, Zweitakt-Gemisch-Schmierung 1:25
Getriebe:	Einscheibentrockenkupplung, 3 Gänge (4), Lenkradschaltung, Frontantrieb
Fahrwerk:	Kastenprofil-Rahmen, Ganzstahlkarosserie, Querlenker unten vorn, Rohr-Starrachse hinten, hydraulische Trommelbremse
Elektrik:	Batterie 6 V, Lichtmaschine 160 W
Maße:	4225 x 1695 x 1465 mm (4170 x 1640 x 1565 mm), Radstand 2350 mm (2450 mm), Spur 1290 / 1350 mm, Gewicht 930 kg (950 kg), Reifen 5,60-15, Wendekreis 11,6 m (12 m)
Meßwerte:	Spitze 123 km/h (115 km/h), Beschleunigung von 0 auf 100 in 28 Sek., Verbrauch 10 l (10,5 l)
Stückzahlen:	137.800 (19.531)
Preise:	Limousine 5.455 DM bis 5.970 DM, Coupé 6.150 DM bis 6.475 DM, Cabriolet mit 4 Sitzen 7.455 DM, Cabriolet mit 2 Sitzen 8.055 DM, Limousine mit 4 Türen 6.655 DM bis 6.775 DM, Universal-Kombi 6.670 DM, Monza 10.500 DM
	Die Angaben in Klammern () betreffen den Typ Universal-Kombi

„Großer DKW" deshalb, weil die Wagenbreite um 10 cm vergrößert ist, die Spur entsprechend breiter wird und auch in der Länge einige Zentimeter zugelegt werden. Die Leistung und der Hubraum werden ebenfalls höher, die Federung verbessert und das Bremsvermögen verstärkt. Der 3 = 6 ist außerordentlich geräumig für einen Kleinwagen: Er bietet fünf Personen eine Sitzgelegenheit. In der Volksmeinung ist der neue Zweitakter als besonders benzindurstig bekannt, was aber von Testberichten widerlegt wird. Alexander Spoerl vom STERN ist der Meinung, DKW-Fahrer seien ein besonderes Völkchen, das andere immer überholen wolle und deshalb ständig zu schnell fahre, was den überhöhten Benzinverbrauch erkläre. Auch der 3 = 6 wird als Universal-Ausführung, Coupé und Cabriolet angeboten. Von 1956 bis 1958 ist auf der Grundlage des 3 = 6 ein zweisitziges Sport-Coupé mit Kunststoffkarosserie auf dem Markt, das auf den Namen „Monza" hört. Mit seinem 40 PS-900 ccm- bzw. 44 PS-1000 ccm-Motor erreicht der Monza eine Höchstgeschwindigkeit von 135 km/h. Gebaut werden insgesamt etwa 110 Exemplare.

DKW 3 = 6 Cabriolet
1955-1956

Das Sport-Coupé DKW 3=6 Monza wird bei Dannenhauer & Stauss in Stuttgart 1956 in einer Auflage von etwa 10 Stück gebaut. 1957/58 folgen noch einmal rund 100 Exemplare durch die DKW-Vertretung Fritz Wenk in Heidelberg. Der Wagen mit seinen zunächst 38 PS (später 40 bzw. 44 PS) und 900 ccm (später 1000 ccm) erreicht eine Höchstgeschwindigkeit von 135 km/h, verbraucht 10 Liter und kostet 10.500 DM.

Auto-Union 1000 und 1000 S 1957 bis 1963

Auto-Union 1000, 1000 S

Motor:	Zweitakt-Dreizylinder in Reihe, wassergekühlt, Hubraum 980 ccm, Bohrung x Hub 74 x 76 mm, 44 PS (50 PS) bei 4500 U/min., Verdichtung 7,25:1, 1 Fallstromvergaser, Zweitakt-Gemisch-Schmierung 1:40
Getriebe:	Einscheibentrockenkupplung, 4 Gänge, ab 1959 synchronisiert, Lenkradschaltung, Frontantrieb
Fahrwerk:	Kastenprofil-Rahmen, Ganzstahlkarosserie, Querlenker unten vorn, Rohr-Starrachse hinten, hydraulische Trommelbremse
Elektrik:	Batterie 6 V, Lichtmaschine 160 W
Maße:	4225 x 1695 x 1465 mm, Radstand 2350 mm, Spur 1290 / 1350 mm, Gewicht 930 kg, Reifen 5,60-15, Wendekreis 11,7 m
Meßwerte:	Spitze 130 km/h (135 km/h), Beschleunigung von 0 auf 100 in 26 Sek. (24 Sek.), Verbrauch 10 l (10,5 l)
Stückzahlen:	171.008 (16.421)
Preise:	6.000 DM (7.125 DM)
	Die Angaben in Klammern () betreffen den Typ 1000 S

Der Auto-Union 1000 entspricht dem 3 = 6, hat aber einen auf 1000 ccm vergrößerten Motor. Quer über den Kühlergrill ist das Zeichen der Auto-Union angebracht: die vier Ringe. Neu sind die ab August 1959 eingeführte Panorama-Windschutzscheibe und der Tachometer mit senkrechter Anordnung der Skala, die von Mercedes übernommen ist. Fast schon obligatorisch: auch von diesem Modell werden ein Universal und ein Coupé angeboten.

Auto-Union 1000 S Coupé   1959-1963

Auto-Union 1000   1959-1963

Auto-Union 1000 Sp 1957 bis 1965

Auto-Union 1000 Sp

Motor:	Zweitakt-Dreizylinder in Reihe, wassergekühlt, Hubraum 980 ccm, Bohrung x Hub 74 x 76 mm, 55 PS bei 4500 U/min., Verdichtung 8,2:1, 1 Doppelfallstromvergaser, Zweitakt-Gemisch-Schmierung 1:40
Getriebe:	Einscheibentrockenkupplung, 4 Gänge synchronisiert, Lenkradschaltung, Frontantrieb
Fahrwerk:	Kastenprofil-Rahmen, Ganzstahlkarosserie, Querlenker unten vorn, Rohr-Starrachse hinten, hydraulische Trommelbremse
Elektrik:	Batterie 6 V, Lichtmaschine 160 W
Maße:	4170 x 1680 x 1325 mm, Radstand 2350 mm, Spur 1290 / 1350 mm, Gewicht 960 kg, Reifen 155 SR 15, Wendekreis 11,5 m
Meßwerte:	Spitze 140 km/h, Beschleunigung von 0 auf 100 in 23 Sek., Verbrauch 10,5 l
Stückzahl:	5.000
Preise:	10.750 DM bis 11.950 DM

Von der Stuttgarter Karosseriefirma Baur wird auf der IAA in Frankfurt 1957 ein sportlicher Zweisitzer vorgestellt, der 1000 Sp. Das Coupé ist in der Form dem Ford-Thunderbird nachempfunden.
Ab 1961 wird der 1000 SP auch als Roadster gebaut (siehe Abbildungen rechts). Die Version ab 1961 zeigt sich mit abgerundeten Heckflossen. Das Coupé (Abbildung unten aus einem Werbeprospekt) wurde bis 1961 mit spitzen Heckflossen, ganz im Stil der ausgehenden fünfziger Jahre, geliefert.

Auto Union 1000 SP Coupé, Karosserie Baur, 1957 bis 1961 mit spitzen Heckflossen.

Auto-Union 1000 Sp Roadster
1961 bis 1965

DKW Junior 1959 bis 1962

Motor:	Zweitakt-Dreizylinder in Reihe, wassergekühlt, Hubraum 741 ccm, Bohrung x Hub 68 x 68 mm, 34 PS bei 4300 U/min., Verdichtung 8:1, 1 Fallstromvergaser, Zweitakt-Gemisch-Schmierung 1:40
Getriebe:	Einscheibentrockenkupplung, 4 Gänge synchronisiert, Lenkradschaltung, Frontantrieb
Fahrwerk:	Kastenprofil-Rahmen, Ganzstahlkarosserie, doppelte Querlenker vorn, Rohr-Starrachse hinten, hydraulische Trommelbremse
Elektrik:	Batterie 6 V, Lichtmaschine 160 W
Maße:	3965 x 1575 x 1430 mm, Radstand 2175 mm, Spur 1180 / 1210 mm, Gewicht 700 kg, Reifen 5,20-12, Wendekreis 10,7 m
Meßwerte:	Spitze 114 km/h, Beschleunigung von 0 auf 100 in 31 Sek., Verbrauch 9 l
Stückzahl:	118.968
Preis:	4.950 DM

Ein Prototyp des Junior wird schon 1957 mit 660 ccm und Zweizylindermotor in Frankfurt ausgestellt. Die ab August 1959 serienmäßig gebaute Ausführung verfügt über einen 750-ccm-Dreizylindermotor und wird im neuerrichteten Werk in Ingolstadt produziert. Die völlig neue Form kommt auf Anhieb gut an. Die großen Fenster bieten rundherum gute Sicht. Obwohl nur zweitürig, sind die hinteren Sitze bequem erreichbar, weil nicht nur die vorderen Lehnen, sondern die ganzen Sessel umklappbar sind. Die große Kniefreiheit hinten und der geräumige Kofferraum werden genauso gelobt wie die Geräuscharmut des Motors und die gute Fahrtechnik. Bei Testberichten kommen die innere Sicherheit und die Innenausstattung nicht ganz so gut weg wie die komfortable Federung. Die Verkaufserfolge sprechen eindeutig für die Gesamtkonzeption.

DKW Junior 1959 bis 1962

BMW

Vom Automobilbau ist keine Rede, als sich am 20. Juli 1917 die Gustav-Otto-Flugmotorenfabrik und die Karl-Rapp-Motorenwerke zusammenschließen. Man baut in München unter der neuen Marke „Bayerische Motorenwerke GmbH" nämlich zunächst nur Flugmotoren. Die Firma gedeiht unter der Leitung des jungen Fliegeroffiziers Franz-Josef Popp und des Ingenieurs Max Fritz so prächtig, daß Baulizenzen an die Opel-Werke vergeben werden und die Zahl der Beschäftigten innerhalb eines Jahres auf 3.500 steigt. Natürlich ist diese positive Bilanz auch auf den Krieg zurückzuführen, der in seinem letzten Jahr noch für guten Absatz bei BMW sorgt.

Nach dem Ersten Weltkrieg wird es den Bayerischen Motorenwerken untersagt, Flugzeuge oder Flugmotoren herzustellen. Die Firma muß sich mithin etwas einfallen lassen, wenn sie nicht liquidieren will. Man beginnt schließlich damit, Motorpflüge, Lastwagenaggregate und Bremsgeräte für die Bayerische Eisenbahnverwaltung zu bauen. Aber heimlich, trotz Verbots, werden die Höhenflugmotoren weiterentwickelt. Sind Kontrollen, verschwinden die wichtigsten Konstruktionspläne in Heizungsrohren. So ist es möglich, daß ein von BMW gebauter Flugmotor 1919 einen Weltrekord von über 9.700 m Flughöhe aufstellt.

Jedoch läuft nicht alles so glatt. Interne Differenzen führen zu großen finanziellen Schwierigkeiten. Da kommt Hilfe von dem österreichischen Bankkaufmann Castiglioni, der früher schon einmal Mitinhaber der Firma war und nun erneut die weitere Entwicklung von BMW entscheidend beeinflußt. Die Bremsenherstellung wird abgespaltet, und außer Flugmotoren, die inzwischen wieder offiziell gebaut werden dürfen, beginnt die Entwicklung eines Motorradmotors, der nach Fertigstellung zunächst für Victoria gebaut wird. Als in den frühen zwanziger Jahren die Motorradindustrie aufblüht, liefert BMW vermehrt seinen Boxermotor und bringt 1923 ein eigenes Motorrad, die BMW R 32, heraus. Die weiß-blaue Marke ist nun auch auf der Straße vertreten.

Zu dieser Zeit experimentiert man bei BMW bereits mit dem Bau von Kleinwagen, jedoch ohne den rechten Erfolg. Alle Modelle werden nach den ersten Tests oder schon im Vorfeld wieder verworfen. Man findet nichts Bahnbrechendes. Bis zu diesem Zeitpunkt ist die BMW AG ausschließlich Motorrad- und Flugmotorenfabrik. Erst nachdem die Firma 1928 die Eisenacher Fahrzeugfabrik übernimmt, steigt BMW ins Automobilgeschäft ein. Der 3/15 Dixi, ein kaum veränderter Nachfolger des Austin Seven aus Großbritannien, ist das erste Automobil unter der Flagge von BMW. Der Wagen, der kurze Zeit später von Dixi in BMW umgetauft wird, besticht durch seine Vierradbremsen, eine Neuheit, und durch den relativ geringen Preis von 2.200 Reichsmark. Mit zusätzlich geschickter Werbung wird der Wagen ein Verkaufserfolg. Einmal begonnen, geht die Entwicklung weiterer Automobile zügig voran, und 1933 wird der erste Sechszylinder, der BMW 303, vorgestellt. Er wird zwar nur ein Jahr lang gebaut, ist aber der Vorläufer vieler Folgemodelle der Reihe bis zum 329. Der größte Erfolg wird in den dreißiger Jahren der BMW 326. Ein aufsehenerregender Wagen erscheint 1936 in Eisenach, wo sich die gesamte Automobilproduktion befindet, der Sportwagen BMW 328, dessen Motorhaube durch außen aufgelegte Lederriemen zusätzlich gehalten wird.

Das ehemalige Westtor in der Lerchenauer Straße

Bei Kriegsbeginn wird – von wenigen Ausnahmen abgesehen – der Verkauf von Autos an Privatkunden untersagt. Man widmet sich also wieder verstärkt dem Bau von schweren Motorrädern und Flugmotoren, insbesondere zu Beginn der vierziger Jahre. 1945 steht man praktisch vor dem Nichts. Die Werke in München sind fast völlig zerstört, und Eisenach liegt im Gebiet russischer Be-

satzung. Konstruktionspläne sind nicht auffindbar. Die übriggebliebenen Reste in München und Allach werden zum Teil demontiert und auf Geheiß der Amerikaner in verschiedene Länder transportiert. Erst nachdem engagierte ehemalige Mitarbeiter den totalen Abbau der Werke verhindern, faßt man wieder Mut. Mit dem sensationellen Erfolg des Motorrads R 24, das als erstes Nachkriegsmotorrad bei BMW gebaut wird, beginnt der Aufstieg.

1951 erscheint der erste Nachkriegswagen, der BMW 501. Der erste Achtzylinder folgt 1954, und die Ära der heute bei Liebhabern so hoch im Kurs stehenden „Bayerischen Barockengel" beginnt. Gleichzeitig steigt BMW ins blühende Kleinwagengeschäft ein und bringt 1955 die Isetta auf den deutschen Markt, die gute Verkaufserfolge einfährt. Dessen ungeachtet beginnt die finanzielle Talfahrt des bayerischen Unternehmens, die ihren Tiefpunkt Ende der fünfziger Jahre erreicht. Die Hinwendung zum Kleinwagenbereich reicht nicht aus, der Konkurrenz gegenzusteuern; der kaufsstarke Mittelklassemarkt bleibt unbeachtet, in dem die Mitbewerber längst ihre Hauptumsätze verzeichnen. Der finanzielle Zusammenbruch steht bevor; und hätten es die Kleinaktionäre mit ihrer Widerstandskraft und die Quandt-Gruppe mit ihren Geldspritzen nicht verhindert: BMW wäre in Daimler-Benz verschmolzen und die in aller Welt hochgelobte deutsche Autoszene um eine markante Marke ärmer. Mit der Entwicklung des attraktiven Mittelklassewagens BMW 1500 beginnt 1961 der unaufhörliche Anstieg. Heute gilt BMW zwar nicht als eines der größten, wohl aber als eines der krisenfestesten Automobilwerke der Welt. Es zählt rund 40.000 Mitarbeiter, hat mehr als drei Millionen Fahrzeuge gebaut und produziert in München, Dingolfing, Landshut, Steyr und Berlin.

Die drei Buchstaben „BMW" stehen heute weltweit für anspruchsvolle, fast exklusive Autos, und nur der rotierende Propeller im weiß-blauen Firmenzeichen erinnert noch an den Flugmotorenbau, mit dem die wechselvolle Geschichte der Bayerischen Motorenwerke beginnt.

BMW 501 Sechszylinder 1952 bis 1958

Motor:	Sechszylinder in Reihe, wassergekühlt, Hubraum 1971 ccm (ab 1955 2077 ccm), Bohrung x Hub 66 x 96 mm (ab 1955 68 x 96 mm), 65 PS bei 4400 U/min. (ab 1954 72 PS bei 4400 U/min.), Verdichtung 6,8:1 (ab 1955 7,0:1), 1 Doppelfallstromvergaser, hängende Ventile, Druckumlaufschmierung, 4,5 l Öl
Getriebe:	Einscheibentrockenkupplung, 4 Gänge synchronisiert, Lenkradschaltung, Hinterradantrieb
Fahrwerk:	Ganzstahlkarosserie, 2 doppelte Querlenker vorn, Starrachse hinten, hydraulische Trommelbremse
Elektrik:	Batterie 12 V, Lichtmaschine 160 W
Maße:	4730 x 1780 x 1530 mm, Radstand 2835 mm, Spur 1322 / 1408 mm, Gewicht 1340 kg, Reifen 5,50-16, Wendekreis 12 m
Meßwerte:	Spitze 135 km/h (ab 1955 145 km/h), Beschleunigung von 0 auf 100 in 27 Sek. (ab 1955 in 23 Sek.), Verbrauch 12,5 l (ab 1955 13 l)
Stückzahl:	8.911 (ohne den Typ 501 mit 8 Zylindern)
Preise:	1952 15.150 DM, 1954/55 14.180 DM bis 12.680 DM, Coupé 18.100 DM, Cabriolet 18.200 DM

Nach dem Zweiten Weltkrieg beginnt BMW 1947 mit der Entwicklung eines neuen Personenwagens. Zur Frankfurter Automobil-Ausstellung im April 1951, wird der Prototyp vorgestellt: der BMW 501. Der erste Serienwagen läuft im Oktober 1952 vom Band, der viele Gemeinsamkeiten mit dem Vorkriegsmodell 326 aufweist. Der Sechszylindermotor ist verstärkt, die Karosserie modernisiert: insgesamt präsentiert sich eine gelungene Konstruktion. Die typische „BMW-Niere", der Kühlergrill, harmoniert vorzüglich mit den langgestreckten, elegant geschwungenen Kotflügeln. Die Karosserie erhält sogar den Beifall des italienischen Spezialisten Pini Farina, dessen erster Entwurf von BMW abgelehnt worden war. Innen ist der 501 außerordentlich geräumig und komfortabel ausgestattet. Sechs Personen finden Platz.

1954 wird der Motor verstärkt, und die Sonderkarosserien der Stuttgarter Firma Baur kommen auf den Markt: ein zweitüriges Cabriolet, von dem etwa 220 Stück gebaut werden, und ein viertüriges Cabriolet in einer Auflage von 50 Stück. Wenige Exemplare des 501 erscheinen bei Baur als Coupé, das mit der zarten Dachkonstruktion im Widerspruch zum massigen Unterteil steht.

BMW 501 Prototyp von 1951 mit 60 PS

BMW 501 1952-1958

BMW Baur Cabriolet 1954-1955

Zweitüriges BMW 501-Cabriolet von Baur

BMW 502 1954 bis 1961 BMW 501 Achtzylinder 1955 bis 1961

BMW 502 und 501 Achtzylinder

Motor:	Achtzylinder, V-Form, wassergekühlt, Hubraum 2580 ccm, Bohrung x Hub 74 x 75 mm, 100 PS bei 4800 U/min. (95 PS), Verdichtung 7,0:1, hängende Ventile, 1 Doppelfallstromvergaser, Druckumlaufschmierung, 6,5 l Öl
Getriebe:	Einscheibentrockenkupplung, 4 Gänge synchronisiert, Lenkradschaltung, Hinterradantrieb
Fahrwerk:	Ganzstahlkarosserie, doppelte Querlenker vorn, Starrachse hinten, hydraulische Trommelbremse
Elektrik:	Batterie 12 V, Lichtmaschine 160 W
Maße:	4730 x 1780 x 1530 mm, Radstand 2835 mm, Spur 1330 / 1416 mm, Gewicht 1440 kg (1430 kg), Reifen 6,40S 15L, Wendekreis 12 m
Meßwerte:	Spitze 160 km/h, Beschleunigung von 0 auf 100 in 17,5 Sek., Verbrauch 14,5 l Super
Stückzahl:	3.117 (5.914)
Preise:	Limousine 17.800 DM (13.950 DM), Coupé 21.800 DM, Cabriolet 21.900 DM
	Die Angaben in Klammern () betreffen den Typ 501 Achtzylinder

BMW ist die einzige deutsche Marke, die sich in den fünfziger Jahren an die Entwicklung eines Achtzylinders wagt. Ein solch großes Automobil muß entsprechend teuer sein, und obwohl der V8 weltweit Respekt erringt, bleiben die Verkaufszahlen relativ gering; unter anderem ein Grund, weshalb BMW Ende der fünfziger Jahre in eine schwere finanzielle Krise gerät.

Am Fahrgestell und an der Karosserie hat sich gegenüber dem 501 nichts geändert, sieht man von mehr Chrom, Blinkern statt Winkern und eingebauten Nebelleuchten ab. 1955 erhält die Karosserie jedoch mit der neuen Panoramaheckscheibe eine wichtige Änderung. Völlig neu an dem exklusiven Wagen ist der leistungsstarke Leichtmetall-V8-Motor. Ab April 1955 kann man eine sparsamer ausgestattete Version mit kleinerem Heckfenster und weniger Chrom bekommen, die sich zunächst 501-Achtzylinder und ab 1958 BMW 2,6 nennt.

BMW 502 V-Achtzylinder
1954-1963

BMW 502 Cabriolet

BMW 502, 1954 bis 1961

BMW 502 Coupé

BMW 502 3,2 Liter 1955 bis 1961

BMW 502/3,2 Liter und 502/3,2 Liter Super

Motor:	Achtzylinder, V-Form, wassergekühlt, Hubraum 3168 ccm, Bohrung x Hub 82 x 75 mm, 120 PS bei 4800 U/min. (140 PS), Verdichtung 7,2:1 (7,3:1), hängende Ventile, 1 Doppelfallstromvergaser (2), Druckumlaufschmierung, 6,5 l Öl
Getriebe:	Einscheibentrockenkupplung, 4 Gänge synchronisiert, Lenkradschaltung, Hinterradantrieb
Fahrwerk:	Ganzstahlkarosserie, 2 doppelte Querlenker vorn, Starrachse hinten, hydraulische Trommelbremse
Elektrik:	Batterie 12 V, Lichtmaschine 160 W (200 W)
Maße:	4730 x 1780 x 1530 mm, Radstand 2835 mm, Spur 1330 / 1416 mm, Gewicht 1470 kg (1500 kg), Wendekreis 12 m
Meßwerte:	Spitze 170 km/h (175 km/h), Beschleunigung von 0 auf 100 in 15 Sek. (14,5 Sek.), Verbrauch 15 l Super (16 l Super)
Stückzahl:	2.582 (1.158)
Preise:	17.850 DM (19.770 DM)
	Die Angaben in Klammern () betreffen den Typ 502 / 3,2 Liter Super

Auf der Frankfurter Automobil-Ausstellung im Herbst 1955 präsentiert BMW den luxuriösesten, repräsentativsten Reisewagen: der BMW 3,2. Er hat eine vortreffliche Innenausstattung, vorne Einzelsitze und ist mit Weißwandreifen erhältlich. Ab 1959 kann man den 3,2 mit Servolenkung und ab 1960 vorn mit Scheibenbremsen bekommen. Der 1957 vorgestellte 3,2-Liter-Super ist mit noch größerer Motorleistung und ab 1959 serienmäßig mit Scheibenbremsen ausgestattet. Cabriolets und Coupés gibt es in geringen Stückzahlen auch von dieser Serie BMW 502. Als der Bau des „Barockengels" 1963 eingestellt wird, geht die Ära eines der populärsten und markantesten Autos zu Ende, die heute glücklicherweise bei Liebhabern eine neue Blüte erlebt.

BMW 503 Coupé, ein eleganter, flotter Reisewagen mit üppiger Ausstattung und Platz für zwei Erwachsene und zwei Kinder, ausgerüstet mit dem 3,2-l-V-Achtzylinder-Motor mit 140 PS

BMW 503
1956 bis 1959

Motor:	Achtzylinder, V-Form, wassergekühlt, Hubraum 3168 ccm, Bohrung x Hub 82 x 75 mm, 140 PS bei 4800 U/min., Verdichtung 7,3:1, hängende Ventile, 2 Doppelfallstromvergaser, Druckumlaufschmierung, 6,5 l Öl
Getriebe:	Einscheibentrockenkupplung, 4 Gänge synchronisiert, Lenkradschaltung (ab 1957 Knüppelschaltung), Hinterradantrieb
Fahrwerk:	Rahmen mit Karosserieaufbau verschweißt, Außenkarosserie Leichtmetall, doppelte Querlenker vorn, Starrachse hinten, hydraulische Trommelbremse mit Servohilfe
Elektrik:	Batterie 12 V, Lichtmaschine 200 W
Maße:	4750 x 1710 x 1440 mm, Radstand 2835 mm, Spur 1400 / 1420 mm, Gewicht 1500 kg, Reifen 6,00 H16, Wendekreis 12 m
Meßwerte:	Spitze 190 km/h, Beschleunigung von 0 auf 100 in 13 Sek., Verbrauch 16 l Super
Stückzahl:	412
Preise:	Coupé 29.500 DM, Cabriolet 29.500 DM

Den 503, eine sportliche Ausführung des 502, gibt es als Cabriolet und Coupé, geschneidert jeweils von dem Designer Albrecht Graf Goertz. 1955 auf der Automobil-Ausstellung in Frankfurt wird das leicht monströs wirkende Luxusmobil der staunenden Öffentlichkeit vorgestellt. Mit 20 PS mehr ausgestattet als die Limousinen-Ausführung bringt es der 503 mit seiner Aluminiumkarosserie auf 190 km/h! Wegen des hohen Preises, rund 10.000 DM mehr als der 502, erreicht der 503 nur eine geringe Stückzahl.

BMW 503 Coupé und Cabriolet 1956-1959

BMW 507
1956 bis 1959

Motor:	Achtzylinder, V-Form, wassergekühlt, Hubraum 3168 ccm, Bohrung x Hub 82 x 75 mm, 150 PS bei 5000 U/min., Verdichtung 9:1, hängende Ventile, 2 Doppelfallstromvergaser, Druckumlaufschmierung, 6,5 l Öl
Getriebe:	Einscheibentrockenkupplung, 4 Gänge synchronisiert, Knüppelschaltung, Hinterradantrieb
Fahrwerk:	Rahmen mit Karosserieaufbau verschweißt, Außenkarosserie Leichtmetall, doppelte Querlenker vorn, Starrachse hinten, hydraulische Trommelbremse mit Servohilfe
Elektrik:	Batterie 12 V, Lichtmaschine 200 W
Maße:	4380 x 1650 x 1300 mm, Radstand 2480 mm, Spur 1445 / 1425 mm, Gewicht 1330 kg, Reifen 6,00 H16, Wendekreis 10,7 m
Meßwerte:	Spitze 220 km/h, Beschleunigung von 0 auf 100 in 11,5 Sek., Verbrauch 17 l Super
Stückzahl:	253
Preis:	26.500 DM

Dieser rassige Roadster, für den es auch ein Hardtop gibt, wird gemeinsam mit dem 503 auf der IAA 1955 vorgestellt und ist ebenso wie sein Bruder von Graf Goertz entworfen. In seiner Konzeption als ebenbürtiger Konkurrent zum Mercedes 300 SL angesehen, erreicht der 507 nur sehr bescheidene Stückzahlen. Man muß dabei allerdings berücksichtigen, daß der Mercedes, der etwa achtmal so häufig gebaut wird, zum größten Teil exportiert wird. Der 507, dessen sportliche Qualitäten von Hans Stuck bei verschiedenen Bergrennen bestätigt werden, erreicht Höchstgeschwindigkeiten von 220 km/h. Das Getriebe ist mit dem Motor verblockt, und ab 1958 ist der 507 mit vorderen Scheibenbremsen ausgestattet. Heute soll der bei BMW-Freunden als schönster Sportwagen geltende Roadster noch mit 70 Exemplaren existieren, die bei Clubveranstaltungen stets große Bewunderung hervorrufen.

BMW 507 1956-1959

BMW Isetta 1955 bis 1962

Motor:	Viertakt-Einzylinder, luftgekühlt, Hubraum 245 ccm (298 ccm), Bohrung x Hub 68 x 68 mm (72 x 73 mm), 12 PS bei 5800 U/min. (13 PS bei 5200 U/min.), Verdichtung 6,8:1 (7,0:1), hängende Ventile, 1 Schiebervergaser, Druckumlaufschmierung, 1,2 l Öl (1,75 l Öl)
Getriebe:	Einscheibentrockenkupplung, 4 Gänge, Hebelschaltung, Hinterradantrieb
Fahrwerk:	Stahlrohrrahmen, Ganzstahlkarosserie, geschobene Längsschwingen vorn, Starrachse hinten, hydraulische Trommelbremse
Elektrik:	Batterie 12 V, Lichtmaschine 130 W
Maße:	2285 x 1380 x 1340 mm (2355 x 1380 x 1340 mm), Radstand 1500 mm, Spur 1200 / 520 mm, Gewicht 360 kg, Reifen 4,80-10, Wendekreis 8,3 m
Meßwerte:	Spitze 85 km/h, Beschleunigung von 0 auf 80 in 40 Sek., Verbrauch 5,5 l
Stückzahl:	161.728
Preise:	2.580 DM (2.920 DM)
	Die Angaben in Klammern () betreffen den Typ Isetta 300

Die noch heute so populäre Isetta wird bei BMW nach einer Lizenz der italienischen Firma Iso gebaut und ist mit dem Motorradmotor R 25 ausgestattet. Mit der rundum kompakten Karosserie, der großen Panorama-Heckscheibe, dem Faltdach, dem soliden Motor und dem Namen BMW erstreitet sich das urige Mobil im heißumkämpften Kleinwagenmarkt schon nach kurzer Zeit den ersten Platz neben dem Goggomobil. Wie es die Werbung verheißt, ist das „Motocoupé" groß genug für eine dreiköpfige Familie und klein genug, keine Parkplatzprobleme zu kennen. Weiter hebt die Werbung hervor, daß das Fahrzeug wettergeschützt und allseitig geschlossen sei, womit ein ganz bestimmter Personenkreis gezielt angesprochen wird. Derjenige nämlich, der sich bisher nur ein Motorrad leisten kann, sucht genau diese Eigenschaften.

Ab Februar 1956 gibt es eine leicht überarbeitete, verstärkte Isetta 300 mit festem Dach (Faltdach nur auf Wunsch), die wegen des von 250 auf 300 ccm gesteigerten Motors nicht mehr mit einem Führerschein der Klasse IV gefahren werden kann.

BMW-Isetta, oben: neuere Form mit seitlichen Schiebefenstern, unten: ursprüngliche Karosserie mit kuppelähnlicher Heckverglasung

Dreiradausführung der Isetta. Gebaut für den Export in jene Länder, in denen Dreiradfahrzeuge Steuervorteile bieten

BMW Isetta 1955-1962

BMW 600
1957 bis 1959

Motor:	Zweizylinder-Boxer, luftgekühlt, Hubraum 582 ccm, Bohrung x Hub 74 x 68 mm, 19,5 PS bei 4500 U/min., Verdichtung 6,8:1, V-förmig hängende Ventile, 1 Flachstromvergaser, Druckumlaufschmierung, 2 l Öl
Getriebe:	Einscheibentrockenkupplung, 4 Gänge synchronisiert, Schalthebel in Wagenmitte, Hinterradantrieb
Fahrwerk:	Stahlrohrrahmen, Ganzstahlkarosserie, geschobene Längsschwingen vorn, Schräglenker hinten, hydraulische Trommelbremse
Elektrik:	Batterie 12 V, Lichtmaschine 130 W
Maße:	2900 x 1400 x 1375 mm, Radstand 1700 mm, Spur 1220 / 1160 mm, Gewicht 550 kg, Reifen 5,20-10, Wendekreis 8,3 m
Meßwerte:	Spitze 103 km/h, Beschleunigung von 0 auf 100 in 58 Sek., Verbrauch 6 l
Stückzahl:	34.813
Preis:	3.985 DM

Dieser Kleinwagen ist eine Weiterentwicklung der Isetta und wie diese mit dem originellen Fronteinstieg ausgestattet. Zusätzlich verfügt der 600 aber über eine Seitentür hinten rechts. Der Zweizylinder-Motor stammt von dem der großen BMW-Motorräder ab. Das viersitzige „richtige Auto" hat eine gute Straßenlage und ein vollsynchronisiertes Vierganggetriebe.

Inserat von 1957

BMW 600   1957-1959

Borgward

Die Geschichte der Firma Borgward ist die Geschichte eines Mannes, der sich vom Schlosserlehrling zum Chef über drei große Automobilfabriken emporarbeitet, auf dem Gipfel seines Erfolges plötzlich den Halt verliert und abstürzt. Carl F. W. Borgward besucht nach der Lehre als Schlosser die Maschinenbauschule und die Technische Hochschule. Er arbeitet anschließend als Ingenieur und Konstrukteur und gründet 1921 in Bremen eine Kühlerfabrik. Zu seinen Kunden zählt das Hansa-Lloyd-Werk. Borgward ist drei Jahre selbständig, als er sein erstes Auto konstruiert: einen dreirädrigen Lieferwagen für Handwerker und Geschäftsleute, den sogenannten „Blitzkarren". Der Blitzkarren wird auf Anhieb ein Verkaufserfolg, und 1928 gründet Borgward die Goliath-Werke in Bremen. 1931 übernimmt der gebürtige Hamburger die Aktienmehrheit der Hansa-Lloyd. Dem Bau „richtiger" Autos, von jeher Borgwards Traum, steht nichts mehr im Weg, und vor dem Zweiten Weltkrieg wird noch eine Reihe populärer Wagen unter der Marke Hansa gebaut.

Nach dem Krieg sind die Borgwardwerke, die als Rüstungsbetriebe dienten, fast völlig zerstört, und Borgward selbst ist bei den Amerikanern in Internierungshaft. Dort hat er Zeit und Gelegenheit, einen neuen Personenwagen zu entwerfen, den er natürlich nach amerikanischem Vorbild mit einer Ponton-Karosserie einkleidet. Auf dem Genfer Autosalon 1949 stellt Borgward seinen völlig neuen Hansa 1500 vor und startet damit, 58jährig, seine zweite Karriere. Seine Werke sind inzwischen wieder fertigungsbereit, die Goliath-Werke und die Lloyd-Werke werden neu gegründet, der Aufstieg beginnt noch einmal.

Als dritte und letzte Firma wird im November 1949 die Carl F. W. Borgward GmbH ins Handelsregister eingetragen. Die sich später eher nachteilig auswirkende Aufgliederung in drei eigenständige Betriebe hat zunächst einen sehr wirtschaftlichen Grund: In der Nachkriegszeit wird jeder deutschen Automobilfabrik von den Besatzungsmächten der gleiche Anteil an Rohstoffmaterialien zugeteilt. Drei Firmen – dreifache Menge des noch so knappen Materials.

Zu Beginn der fünfziger Jahre erringt Borgward kontinuierliche Erfolge. Der Bau der Nutzfahrzeuge bringt recht gute Erträge, und der Kleinwagen Lloyd wird ein Verkaufsschlager. Ein noch größerer Erfolg kommt mit der Isabella Mitte der fünfziger Jahre, die Firmen beschäftigen weit über 20.000 Mitarbeiter. Der Chef selbst, inzwischen einer der angesehensten und größten Privatunternehmer Deutschlands, kümmert sich am liebsten um seine Konstruktionen; er entwirft fast alle Modelle selbst oder ist zumindest maßgeblich daran beteiligt. Wer das nicht glaubt, dem wird es sogar schriftlich mitgeteilt, wie dem STERN, dem Borgwards Pressebüro schreibt: „Wir dürfen Ihnen dazu mitteilen, daß sämtliche Karosserien hier im Hause bei uns vom Anfang bis zum Ende in der Form selbst gestaltet werden, und zwar ist hier Dr. Borgward wirklich der Chefdesigner. Zum Beweis senden wir Ihnen ein Foto, das den Herrn Dr. Borgward an einem Plastilin-Modell zeigt. Diese Aufnahme ist nicht gestellt, sondern wirklich echt."

Wirtschaftsminister Prof. Erhard und
Dr. Borgward 1959 auf der IAA

Borgward hat nie verhehlt, daß er sich der Konstruktion und dem Entwurf mehr verbunden fühlt als der kaufmännischen Seite seines Unternehmens. Dieser Mangel aber, den er auch nicht durch die entsprechende Personalpolitik ausgleicht, führt 1960, nach einem erfolgreichen Jahrzehnt, zum Anfang vom Ende des Hauses Borgward. Hinzu kommt die Experimentierfreudigkeit des Unternehmers, die viel Geld kostet und einige Autos unausgereift in den Handel geraten läßt. Man sollte aber auch nicht die Problematik des hohen Exportanteils bei der Suche nach Fehlern außer acht lassen. 1960 herrscht in den USA eine Absatzflaute, die Borgward mit seinem 60-Prozent-Exportanteil besonders trifft. Der Bremer Senat, der den angeschlagenen Konzern noch retten will, macht gravierende Fehler, die genau das Gegenteil von dem bewirken, was erreicht werden soll, und im Herbst 1961 melden die Borgward-Firmen den Konkurs an.

Borgward Hansa 1500
1949-1952

Borgward Hansa 1500 1949 bis 1952

Motor:	Vierzylinder in Reihe, wassergekühlt, Hubraum 1498 ccm, Bohrung x Hub 72 x 92 mm, 48 PS bei 4000 U/min., ab Herbst 1950 52 PS bei 4200 U/min., Verdichtung 6,3:1, hängende Ventile, 1 Fallstromvergaser, Druckumlaufschmierung, 4 l Öl
Getriebe:	Einscheibentrockenkupplung, 4 Gänge, ab 1951 Lenkradschaltung, Hinterradantrieb
Fahrwerk:	Zentralrohrrahmen mit Plattform, Ganzstahlkarosserie, Querlenker oben vorn, Pendelachse hinten, hydraulische Trommelbremse
Elektrik:	Batterie 6 V, Lichtmaschine 130 W
Maße:	4450 x 1620 x 1600 mm, Radstand 2600 mm, Spur 1250 / 1300 mm, Gewicht 1110 kg, Kombi 1150 kg, Reifen 6,40-15, Wendekreis 11 m
Meßwerte:	Spitze 121 km/h, Beschleunigung von 0 auf 100 in 27 Sek., Verbrauch 10 l
Stückzahlen:	22.504, davon 1.255 Kombi
Preise:	Limousine mit 2 Türen 7.600 DM bis 8.480 DM, Limousine mit 4 Türen 8.200 DM bis 8.980 DM, Kombi 7.690 DM bis 8.370 DM (Zuschlag für Hansa-Matic 520 DM)

Bei seiner Vorstellung auf dem Genfer Autosalon im März 1949 erregt der Hansa 1500 große Aufmerksamkeit. Er ist der erste neukonstruierte deutsche Pkw nach dem Krieg, trägt die aus Amerika auf den europäischen Markt drängende „Ponton"-Karosserie und hat seine Fondsitze vor der Hinterachse plaziert. 1950 erscheint ein stärkeres Sportcabriolet mit 66 PS und 1952 mit 80 PS. Außerdem wird ein Kombi angeboten, der 1949 nur 90 Mark teurer ist als die Limousine, und eine Cabriolet-Version von Hebmüller.

Zur IAA 1951 werden einige Detailverbesserungen präsentiert: Getriebeschaltung und Blinklichtschalter liegen am Lenkrad, die Handbremse seitlich, so daß der Raum vor der vorderen Sitzbank uneingeschränkt ist. Die viertürige Limousine ist mit dem neuen Borgward-Strömungsgetriebe ausgestattet.

Borgward Hansa 1800 1952 bis 1954

Motor:	Vierzylinder in Reihe, wassergekühlt, Hubraum 1758 ccm, Bohrung x Hub 78 x 92 mm, 60 PS bei 4200 U/min., Verdichtung 6,35:1, hängende Ventile, 1 Fallstromvergaser, Druckumlaufschmierung, 4 l Öl
Getriebe:	Einscheibentrockenkupplung, 3 Gänge, Lenkradschaltung, Hinterradantrieb
Fahrwerk:	Zentralrohrrahmen mit Plattform, Ganzstahlkarosserie, Querlenker oben vorn, Pendelachse hinten, hydraulische Trommelbremse
Elektrik:	Batterie 6 V, Lichtmaschine 130 W
Maße:	4450 x 1620 x 1600 mm, Radstand 2600 mm, Spur 1250 / 1300 mm, Gewicht 1140 kg, Kombi 1210 kg, Reifen 6,40-15, Wendekreis 11 m
Meßwerte:	Spitze 136 km/h, Beschleunigung von 0 auf 100 in 24 Sek., Verbrauch 10 l
Stückzahlen:	8.111, davon 999 Kombi
Preise:	8.350 DM bis 8.880 DM

Der Hansa 1800, vorgestellt in Genf im März 1952, ist der Nachfolger des 1500. Er verfügt zunächst über ein Drei- statt Vierganggetriebe und ab März 1953 über 4 vollsynchronisierte Gänge. Äußerlich ist der 1800 an der Zierleiste unter den Seitenfenstern, an Blinkern auf den Kotflügeln und an der breiteren Heckscheibe zu erkennen. Von der 1800er Ausführung sind Limousinen 2- und 4türig zu erwerben, ein Hebmüller-Cabriolet, ein Kombi und ein Sport-Cabriolet.

Ab Dezember 1952 wird der Hansa 1800 als Diesel gebaut. Er hat den Motor vom 1,5-t-Lastwagen erhalten, verfügt aber ansonsten über keine Unterscheidungsmerkmale gegenüber dem Bruder mit Vergasermotor.

Borgward Hansa 1800 1952-1954

Das 1953 eingeführte neue Armaturenbrett des Hansa 1800

Borgward Hansa 2400 1952 bis 1958

Motor:	Sechszylinder in Reihe, wassergekühlt, Hubraum 2337 ccm, Bohrung x Hub 78 x 81,5 mm, 82 PS bei 4500 U/min. (100 PS bei 5000 U/min.), Verdichtung 6,9:1 (8,2:1), hängende Ventile, 1 Doppel-Fallstromvergaser (1 Register-Fallstromvergaser), Druckumlaufschmierung, 5,5 l Öl
Getriebe:	Einscheibentrockenkupplung, ab März 1953 4 Gänge synchronisiert, Lenkradschaltung, Hinterradantrieb
Fahrwerk:	Selbsttragende Ganzstahlkarosserie, doppelte Querlenker vorn, Pendelachse hinten, hydraulische Trommelbremse
Elektrik:	Batterie 6 V, Lichtmaschine 130 W (160 W)
Maße:	4460 x 1780 x 1540 mm (4810 x 1780 x 1540 mm), Radstand 2620 mm (2820 mm), Spur 1360 / 1420 mm, Gewicht 1440 kg (1575 kg), Reifen 6,40-15 (6,70-15), Wendekreis 11,5 m (12 m)
Meßwerte:	Spitze 150 km/h (155 km/h), Beschleunigung von 0 auf 100 in 20 Sek., Verbrauch 13 l
Stückzahl:	1.388
Preise:	12.500 DM bis 15.450 DM
	Die Angaben in Klammern () betreffen das Modell ab 1955

Der völlig neue Borgward der großen Klasse kann sich gegen seine starke Konkurrenz aus den Häusern Opel und Mercedes nicht behaupten. Die Formgestaltung findet keinen Zuspruch. Außerdem leidet der Verkauf unter dem schlechten Ruf, der dem Hansa 2400 trotz aller gegensteuernden Bemühungen der Verkaufsleitung vorauseilt. 1956 werden viele technische Besserungen und Raffinessen eingebaut wie z. B. das einer Klaviertastatur ähnelnde Armaturenbrett oder die automatische Scheibenwaschanlage. Von der zweiten Serie von 1955 bis 1958 können nur 356 Exemplare des Bremer Spitzenfabrikats verkauft werden.

Borgward Hansa 2400 Pullmann-Limousine 1955 bis 1958

Hansa Sport-Cabriolet 1950 bis 1953

Borgward Hansa 2400 Pullmann-Limousine 1953-1955

Borgward Isabella 1954 bis 1961

Isabella TS 1955 bis 1961

Isabella Coupé 1957 bis 1961

Motor:	Vierzylinder in Reihe, wassergekühlt, Hubraum 1493 ccm, Bohrung x Hub 75 x 84,5 mm, 60 PS bei 4700 U/min. (75 PS bei 5200 U/min.), Verdichtung 6,8:1 (8,2:1), hängende Ventile, 1 Fallstromvergaser (1 Register-Fallstromvergaser), Druckumlaufschmierung, 4,4 l Öl
Getriebe:	Einscheibentrockenkupplung, 4 Gänge synchronisiert, Lenkradschaltung, Hinterradantrieb
Fahrwerk:	Selbsttragende Ganzstahlkarosserie, doppelte Querlenker vorn, Pendelachse hinten, hydraulische Trommelbremse
Elektrik:	Batterie 6 V, Lichtmaschine 130 W, ab 1957 160 W
Maße:	4390 x 1705 x 1480 mm, Radstand 2600 mm, Spur 1336 / 1360 mm, Gewicht 1040 kg (1060 bzw. 1120 kg), Reifen 5,90-13, Wendekreis 11 m
Meßwerte:	Spitze 135 km/h (150 km/h), Beschleunigung von 0 auf 100 in 25 Sek. (19 Sek.), Verbrauch 10,5 l (9,5 l Super)
Stückzahlen:	202.862, davon 37.396 Kombi
Preise:	Isabella 7.265 DM bis 7.465 DM, Kombi 7.565 DM bis 7.765 DM, Cabriolet und Coupé 9.950 DM, Isabella TS 7.240 DM bis 9.125 DM, Cabriolet 10.950 DM, Isabella Coupé 10.925 DM
	Die Angaben in Klammern () betreffen die Typen Isabella TS und Isabella Coupé

Mit der Herausgabe des völlig neu konzipierten 1500er gelingt Borgward der Durchbruch im Mittelklassebereich. Die formschöne Isabella kommt auf Anhieb „gut an", und der Firmenchef läßt es sich nicht nehmen, die Vorstellung selbst zu inszenieren: Vor etwa 200 geladenen Journalisten steuert der zigarrenrauchende Carl F. W. Borgward den ersten Wagen, der natürlich mit Blumen geschmückt ist, vom Band der riesigen Montagehalle.

Das steht dem 64jährigen auch zu, denn immerhin zeichnet er selbst für die Linienführung und Namensgebung der Isabella verantwortlich. Aber nicht nur äußerlich ist der Nachfolger – oder besser die Nachfolgerin – des Hansa 1500 eine gelungene Konstruktion: der 1,5-Liter-Motor erweist sich als technisch ausgereift und robust, das kopfgesteuerte Vierzylinder-Aggregat leistet 60 PS und ist damit als durchaus temperamentvoll für seine Klasse zu bezeichnen. Das Platzangebot ist mehr als ausreichend: 5 bis 6 Personen kann die Isabella aufnehmen, ohne daß eine davon in den geräumigen Kofferraum ausweichen müßte. Die Innenausstattung ist recht komfortabel, sie würde auch in einem Wagen höherer Klasse nicht unangenehm auffallen. Zu bemängeln gibt es kaum etwas, wenn man davon absieht, daß Lack und Chrom nicht vom Besten sind.

1955 erscheint die Isabella TS mit höherer Motorleistung, Einzel-Liegesitzen und noch besserer Ausstattung, und ab 1957 gibt es das traumhaft schöne Isabella Coupé, das man ab 1959 auch mit Heckflossen bestellen kann und auf das ausnahmsweise einmal ein Werbespruch paßt: „Jeder, der am Steuer von Isabella sitzt, spürt es deutlich, wie bewundernde Blicke diesem Wagen überall begegnen und folgen."

Borgward-Zeitschrifteninserat 1956

Borgward Isabella TS Cabriolet 1958

Borgward Isabella Kombi 1954-1957

Borgward Isasbella TS mit weißen Schleifchen an Türen und Grill: Der Besitzer nutzt ihn als Hochzeitskutsche

Alexander Spoerl im STERN: „Kleider machen Leute und eine gefällige Karosserie ist ein überzeugendes Verkaufsargument. Das haben die Automobilkonstrukteure auch bei der Isabella gewußt und sie sehr gut angezogen. Da gibt es keine Konzessionen an den Massengeschmack. Die Inneneinrichtung ist unauffällig und dezent. Aber nicht nur Äußerlichkeiten wurden bedacht. Die Türen sind besonders groß, man kann bequem einsteigen und findet sehr viel Platz im Innern. Der Vierzylindermotor ist sehr robust und unverwüstlich."

Auf der Basis des Coupés entstanden von 1957 bis 1960 etwa 20 Cabriolets, die von Deutsch in Köln gebaut wurden. Auf Wunsch war das Isabella-Coupé auch mit modischen Heckflossen lieferbar. Die Normalversion des Coupés kostete 1957 inklusive Stahlschiebedach 11.515 DM.

Borgward Isabella Coupé
1957 - 1961

Borgward 2,3 Liter 1960 bis 1961

Motor:	Sechszylinder in Reihe, wassergekühlt, Hubraum 2240 ccm, Bohrung x Hub 75 x 84,5 mm, 100 PS bei 5000 U/min., Verdichtung 8,7:1, hängende Ventile, 1 Register-Fallstromvergaser, Druckumlaufschmierung, 5,5 l Öl
Getriebe:	Einscheibentrockenkupplung, 4 Gänge synchronisiert, Lenkradschaltung, Hinterradantrieb
Fahrwerk:	Selbsttragende Ganzstahlkarosserie, doppelte Querlenker oder Luftfederbälge vorn, Pendelachse oder Luftfederbälge hinten, hydraulische Trommelbremse
Elektrik:	Batterie 12 V, Lichtmaschine 240 W
Maße:	4715 x 1738 x 1420 mm, Radstand 2650 mm, Spur 1360 / 1370 mm, Gewicht 1320 kg, Reifen 6,40-13, Wendekreis 11,4 m
Meßwerte:	Spitze 160 km/h, Beschleunigung von 0 auf 100 in 17 Sek., Verbrauch 13 l Super
Stückzahl:	2.587
Preis:	12.350 DM, Luftfederung + 800 DM

Der technisch bestens ausgerüstete und äußerlich hochmoderne Nachfolger des Hansa 2400 scheint nach der Isabella der neue Verkaufsschlager bei Borgward zu werden. Doch der anstehende Konkurs läßt es dazu nicht mehr kommen. Nach knapp einem Jahr muß die Produktion eingestellt werden.

Karosserie, Ausstattung und Platzangebot werden allgemein gelobt. Der schwere Sechszylindermotor produziert 100 PS und eine Geschwindigkeit von 160 km/h. Die besondere Neuerung: Der große Borgward ist wahlweise mit einer Luftfederung zu erwerben. Hierbei ruht der Aufbau nicht mit stählernen Federn auf den Rädern, sondern mit Luft. Damit diese nicht weichen kann, befindet sie sich über jedem Rad in einem Gummiball. Durch die Luftfederung wird eine bessere Straßenlage erreicht.

Borgward 2,3 Liter 1960-1961

Borgward 2,3 Liter 1960-1961 Borgward Isabella 1954-1961 Borgward Arabella 1959-1963

Treffen des Borgward-Clubs Bremen

Goliath GP 700 1950 bis 1957 Goliath GP 900 1955 bis 1957

Goliath GP 700

Motor:	Zweitakt-Zweizylinder in Reihe, wassergekühlt, Hubraum 688 ccm, Bohrung x Hub 74 x 80 mm, 24 PS bei 4000 U/min. (29 PS bei 4500 U/min.), Verdichtung 6,4:1 (7,2:1), 1 Flachstromvergaser, Gemisch-Schmierung 1:25
Getriebe:	Einscheibentrockenkupplung, 4 Gänge, ab 1952 synchronisiert, Stockschaltung unter dem Lenkrad, Frontantrieb
Fahrwerk:	Zentralrohrrahmen, Ganzstahlkarosserie, 2 Querfedern vorn, Starrachse hinten, hydraulische Trommelbremse
Elektrik:	Batterie 6 V, Lichtmaschine 130 W
Maße:	4120 x 1570 x 1470 mm (4034 x 1630 x 1470 mm), Radstand 2300 mm, Spur 1250 / 1250 mm (1300 / 1250 mm), Gewicht 940 kg (920 kg), Reifen 5,00-16 (5,60-13), Wendekreis 12 m
Meßwerte:	Spitze 100 km/h (108 km/h), Beschleunigung von 0 auf 100 in 120 Sek. (48 Sek.), Verbrauch 9 l (10 l)
Stückzahlen:	36.270, davon 9.147 Kombi
Preise:	6.250 DM, Kombi 6.250 DM im Jahr 1952 (5.410 DM, Kombi 5.850 DM)
	Die Angaben in Klammern () betreffen den Typ GP 700 ab 1956

Goliath GP 900

Motor:	Zweitakt-Zweizylinder in Reihe, wassergekühlt, Hubraum 886 ccm, Bohrung x Hub 84 x 80 mm, 38 PS (40 PS) bei 4000 U/min., Verdichtung 7,4:1 (7,7:1), 1 Flachstromvergaser (Bosch-Einspritzpumpe), Gemisch-Schmierung 1:25 (Frischölschmierung)
Getriebe:	Einscheibentrockenkupplung, 4 Gänge synchronisiert, Stockschaltung unter dem Lenkrad, Frontantrieb
Fahrwerk:	Zentralrohrrahmen, Ganzstahlkarosserie, 2 Querfedern vorn, Starrachse hinten, hydraulische Trommelbremse
Elektrik:	Batterie 6 V, Lichtmaschine 160 W
Maße:	4034 x 1630 x 1470 mm, Radstand 2300 mm, Spur 1300 / 1250 mm, Gewicht 920 kg, Reifen 5,60-13, Wendekreis 12 m
Meßwerte:	Spitze 110 km/h (120 km/h), Beschleunigung von 0 auf 100 in 35 Sek., Verbrauch 10,5 l (8 l)
Stückzahlen:	8.071, davon 1.899 Kombis
Preise:	5.750 DM, Kombi 5.860 DM
	Die Angaben in Klammern () betreffen den Typ 900 E mit Einspritzmotor

Goliath GP 700 Cabriolet

Der Zweitakter mit Frontantrieb ist die zweite Neuvorstellung nach dem Krieg und wird ab Juli 1950 gebaut. Ab Januar 1952 ist die Kombi-Ausführung erhältlich, eine Cabriolet-Version gibt es nur in den Jahren 1951/52. Im Dezember 1952 kommt der GP 700 mit Benzineinspritzung auf den Markt und erkämpft sich unter seinen Brüdern einen Anteil von 50 Prozent der gebauten Fahrzeuge. 1955 wird die Karosserie wesentlich verfeinert und der Motor verstärkt. Im gleichen Jahr erscheint auch der GP 900 E mit Benzineinspritzung und ein Jahr später die gleiche Ausführung mit Vergasermotor als GP 900 V. Der Anschaffungspreis der Goliath mit Benzineinspritzung liegt kaum höher als der mit Vergasermotor, erzeugt aber mehr Leistung und verbraucht weniger Benzin.

Goliath GP 700
1950-1957

Goliath GP 700 Limousine

Goliath GP 900 E (Einspritzmotor) 1955 bis 1957

Die Goliath-700-Kombi- und Kastenwagen wurden ab Januar 1952 gebaut und waren ein Jahr später auch mit Einspritzmotor zu haben. Ladefähigkeit 350 kg und mit Übergrößebereifung sogar 500 kg.

Inserat von 1957

Goliath 1100
1957 bis 1958
Hansa 1100
1958 bis 1961

Motor:	Vierzylinder-Boxer, Leichtmetallblock, wassergekühlt, Hubraum 1093 ccm, Bohrung x Hub 74 x 64 mm, 40 PS bei 4250 U/min. (55 PS bei 5000 U/min.), Verdichtung 7,3:1 (7,9:1), 1 Fallstromvergaser (2 Fallstromvergaser), Druckumlaufschmierung, 3 l Öl
Getriebe:	Einscheibentrockenkupplung, 4 Gänge synchronisiert, Stockschaltung unter dem Lenkrad, ab 1959 Lenkradschaltung, Frontantrieb
Fahrwerk:	Zentralrohrrahmen, Ganzstahlkarosserie, 1 Querfeder oben vorn, Starrachse hinten, hydraulische Trommelbremse
Elektrik:	Batterie 6 V, Lichtmaschine 160 W
Maße:	4020 x 1630 x 1450 mm, Radstand 2270 mm, Spur 1290 / 1250 mm, Gewicht 900 kg (940 kg), Reifen 5,60-13, Wendekreis 10,7 m
Meßwerte:	Spitze 124 km/h (135 km/h), Beschleunigung von 0 auf 100 in 26 Sek. (22 Sek.), Verbrauch 10 l (9 l Super)
Stückzahlen:	42.659, davon 10.532 Kombis
Preise:	5.850 DM bis 7.785 DM
	Die Angaben in Klammern () betreffen die Typen mit 55 PS

1957 ist die Zeit des Zweitaktmotors bei Goliath vorüber. Der 1100 ist mit einem wassergekühlten Viertakt-Vierzylinder-Boxer-Motor aus Leichtmetall ausgerüstet, der vor der Vorderachse liegt und dadurch ideale Voraussetzungen für den Frontantrieb schafft. Der Hansa 1100 ist der Nachfolger des Goliath und wartet mit einer modernisierten Karosserie auf. Die Heckflossen sind herausgewachsen und der Kühlergrill ist verfeinert. Der Kofferraum ist geräumiger geworden; die Bremsen sind verbessert. Der Preis liegt relativ hoch und hemmt den Verkauf. 1959 kommen noch einmal Verbesserungen: Der Hansa 1100 wird jetzt mit Lenkradschaltung geliefert, die Fenster sind größer und höher. Sowohl vom Goliath als auch vom Hansa wird eine Reihe von Sonderausführungen angeboten. Die Cabrio-Limousine gibt es mit 40 und 55 PS, die sogenannte Luxus-Limousine ist besser ausgestattet und entsprechend teurer, das obligatorische Coupé und der praktische Kombi – alles ist lieferbar.

Goliath 1100 Kombi 1957-1958

HB-CC 263
Goliath
1100

Goliath 1100 Coupé 1957 bis 1958

Hansa 1100 1958 bis 1961

Lloyd 300 1950 bis 1952 Lloyd 400 1953 bis 1957

Motor:	Zweitakt-Zweizylinder in Reihe, luftgekühlt, Hubraum 293 ccm (386 ccm), Bohrung x Hub 54 x 64 mm (62 x 64 mm), 10 PS bei 4000 U/min. (13 PS bei 3750 U/min.), Verdichtung 6,25:1 (6,85:1), 1 Flachstromvergaser, Gemisch-Schmierung 1:25
Getriebe:	Einscheibentrockenkupplung, 3 Gänge, Stockschaltung unter dem Lenkrad, Frontantrieb
Fahrwerk:	Zentralrohrrahmen, Plattformboden, Holzkarosserie mit Kunstlederbezug, ab 1953 Stahlblechteile, 2 Querfedern vorn, Pendelachse hinten, mechanische Seilzugbremse, ab 1953 hydraulische Trommelbremse
Elektrik:	Batterie 6 V, Lichtmaschine 75 W
Maße:	3200 x 1320 x 1360 mm (3355 x 1410 x 1400 mm), Radstand 2000 mm, Spur 1050 / 1050 mm, Gewicht 480 kg (510 kg), Reifen 4,25-15, Wendekreis 11 m
Meßwerte:	Spitze 75 km/h, Verbrauch 5,5 l (6 l)
Stückzahlen:	18.087 Lloyd 300, 109.878 Lloyd 400
Preise:	3.334 DM Lloyd 300, 3.780 DM Lloyd 400
	Die Angaben in Klammern () betreffen den Typ Lloyd 400

„Leukoplastbomber" Lloyd LP 300

Als der urige Kleinwagen 1950 mit seiner Karosserie aus Holz und Kunstleder vor die Öffentlichkeit tritt, ist der Kosename schnell gefunden: der „Leukoplastbomber" mit dem Fahrgeräusch, das eher an das Heulen eines heiseren Wolfes als an einen Motor erinnert, kommt beim Volk gut an. Er ist zwar ein recht primitiver, aber auch entsprechend billiger und wirtschaftlicher Kleinwagen, und das zählt. Er kostet kaum mehr an Steuern als ein Hund, nämlich 6 Mark im Monat, hat ein pfiffiger Werbemann herausgefunden, und mit der Haftpflicht macht das ganze 160 DM an festen Kosten pro Jahr aus. Der 400er, dessen Karosserie zunächst teilweise, später ganz mit Stahlblech gebaut wird, erhält ein größeres Heckfenster, und das Kühlgebläse ist leiser. 1955 werden Lichtmaschine und Scheinwerfer verstärkt, die Bremsen sind vergrößert und die Innenausstattung verbessert. 1956 und 1957 wird eine 250er Ausführung für die Leute des alten Führerscheines IV ins Programm genommen, die sich aber längst nicht so gut wie die beiden größeren verkauft.

Der Lloyd hat seinen Höhepunkt Mitte der fünfziger Jahre: Nach VW und Opel steht Lloyd zeitweise an dritter Stelle, was die Zulassungszahlen betrifft. Auch vom LP 300 und LP 400 werden die entsprechenden Cabrios, Coupés und Kombis angeboten.

Lloyd LS 300 Kombi von 1951

Allein auf weiter Flur: Fünfziger-Jahre-Romantik

Lloyd für Frischluftfanatiker. Bei 75 km/h konnte man zwar noch keine Sportlichkeit, aber immerhin schon den Fahrtwind spüren.

Armaturen des Lloyd LP 300. Bemerkenswert Aschenbecher, Blumenvase im Stil der fünfziger Jahre. Eine Blumenvase im Pkw ist heute undenkbar, damals gab es kaum ein Auto ohne ein solches Schmuckstück.

Aus einem Inserat von 1955: „Kaum mehr als ein Hund, nämlich 6 Mark monatlich kostet der Lloyd an Steuern. Zusammen mit der jährlichen Versicherungsprämie von 90 Mark macht das 162 Mark an festen Kosten im ganzen Jahr"

Lloyd 600
1955 bis 1961
Lloyd Alexander
1957 bis 1961

Motor:	Viertakt-Zweizylinder in Reihe, luftgekühlt, Hubraum 596 ccm, Bohrung x Hub 77 x 64 mm, 19 PS bei 4500 U/min., Verdichtung 6,6:1, 1 Fallstromvergaser, Druckumlaufschmierung, 1,8 l Öl
Getriebe:	Einscheibentrockenkupplung, 3 Gänge (4 Gänge synchronisiert), Stockschaltung unter dem Lenkrad (Lenkradschaltung), Frontantrieb
Fahrwerk:	Zentralrohrrahmen, Plattformboden, Ganzstahlkarosserie, 2 Querfedern vorn, Pendelachse hinten, hydraulische Trommelbremse
Elektrik:	Batterie 6 V, Lichtmaschine 90 W
Maße:	3355 x 1410 x 1400 mm, Radstand 2000 mm, Spur 1050 / 1100 mm, Gewicht 540 kg (570 kg), Reifen 4,25-15, Wendekreis 11 m
Meßwerte:	Spitze 100 km/h, Beschleunigung von 0 auf 100 in 60 Sek., Verbrauch 7 l
Stückzahl:	176.524
Preise:	3.680 DM (4.430 DM)
	Die Angaben in Klammern () betreffen den Typ Alexander

Lloyd 600 von 1908 und von 1958

Der Leukoplastbomber ist zu einem richtigen Auto geworden. Mit dem Zweitaktmotor hat er auch die Zeit hinter sich gelassen, in der er Objekt vieler Witze und Spötteleien war. Der sehr sparsame Alexander hat einen großen Kofferraum, und die Armaturen liegen übersichtlich im Blickfeld. Er kann wahlweise mit drei oder vier Gängen geliefert werden und erreicht die akzeptable Höchstgeschwindigkeit von 100 km/h. Jedoch muß eingeräumt werden, daß das Fahrwerk mit der höheren Motorleistung nicht Schritt hält. Die Fahreigenschaften leiden auch unter der weicheren Federung. Dem Verkauf schadet dies jedoch nicht. Der LP 600 und seine Artgenossen Alexander und Alexander TS gehören zu den gefragtesten Kleinwagen.

Lloyd 600

Lloyd Alexander TS 1958-1961

„Man muß sich nicht genieren, wenn man mit ihm fährt, sondern darf sich vernünftig vorkommen", schrieb Alexander Spoerl im STERN. Oben: Llyod 600 mit Schiebedach. Unten: Lloyd Alexander TS mit passendem Einradanhänger

Lloyd Arabella 1959 bis 1961

Motor:	Vierzylinder-Boxer, Leichtmetallblock, wassergekühlt, Hubraum 897 ccm, Bohrung x Hub 69 x 60 mm, 38 PS bei 4800 U/min., Verdichtung 7,5:1, 1 Fallstromvergaser, Druckumlaufschmierung, 2,5 l Öl
Getriebe:	Einscheibentrockenkupplung, 4 Gänge synchronisiert, Frontantrieb
Fahrwerk:	Zentralrohrrahmen, Ganzstahlkarosserie, doppelte Querlenker vorn, Längslenker hinten, hydraulische Trommelbremse
Elektrik:	Batterie 6 V, Lichtmaschine 180 W
Maße:	3800 x 1510 x 1395 mm, Radstand 2200 mm, Spur 1200 / 1200 mm, Gewicht 730 kg, Reifen 5,20-13, Wendekreis 10,7 m
Meßwerte:	Spitze 120 km/h, Beschleunigung von 0 auf 100 in 28 Sek., Verbrauch 8 l
Stückzahl:	45.549
Preise:	5.250 DM bis 5.730 DM

Im August 1959 kommt die sehr ansehnliche und völlig neu konstruierte Arabella ans Licht. Ihr zwar etwas rauher, aber zuverlässiger Boxer-Motor gilt als sehr leise und technisch gelungen. Er liegt vorn und ist überall leicht erreichbar. Man sitzt in der Arabella bequem und sicher und fühlt sich wie in einem Mittelklassewagen. Überhaupt ist auf Sicherheit viel Wert gelegt: die Lenksäule sitzt vertieft, wegen der Blendungsgefahr ist alles in Dunkel gehalten, und das Armaturenbrett ist mit Schaumgummipolsterung verkleidet. Interessant ist die Variationsmöglichkeit des Kofferraums. Klappt man die hintere Lehne nach vorn, verdoppelt sich der Gepäckraum. Mit dem Borgward-Konkurs wird die Produktion der Arabella zwar drastisch verringert, aber nicht ganz eingestellt. Einige hundert Stück werden noch 1962 und 1963 gebaut, jetzt allerdings unter dem Namen „Borgward-Arabella".

Lloyd Arabella de Luxe 1960-1963

Champion, Maico

Zunächst erscheint im Sommer 1948 eine 250-ccm-Version als offener Zweisitzer. 1951 gesellt sich der 400er dazu, der im Champion-Automobil-Werk in Paderborn gebaut wird, außerdem gibt es noch den 400 H, der anstelle eines Ilo-Motors den 452 ccm großen Heinkel-Motor eingebaut hat. 1956 beginnt die Pfäffinger Firma Maico eine vom Champion 400 abgeleitete Limousine zu produzieren, deren Karosserie von Baur stammt.

Champion, Maico 1948 bis 1958

Motor:	Zweitakt-Zweizylinder, wassergekühlt, Hubraum 398 ccm, Bohrung x Hub 61 x 68 mm, 14 PS bei 4000 U/min., Verdichtung 6,85:1, 1 Fallstromvergaser, Gemisch-Schmierung 1:25
Getriebe:	Einscheibentrockenkupplung, 3 Gänge, Schalthebel in Wagenmitte, Hinterradantrieb
Fahrwerk:	Zentralrohrrahmen, Ganzstahlkarosserie, doppelte Querlenker vorn, Pendelachse hinten, hydraulische Trommelbremse
Elektrik:	Batterie 6 V, Lichtmaschine 110 W
Maße:	3180 x 1470 x 1300 mm, Radstand 1800 mm, Spur 1200 / 1150 mm, Gewicht 520 kg, Reifen 4,25-15, Wendekreis 9,5 m
Meßwerte:	Spitze 80 km/h, Verbrauch 6 l
Stückzahl:	etwa 8.700
Preise:	2.600 DM bis 3.665 DM

Text eines Inserates: „Traum der Sehnsucht für die Ferien – auch für Sie erfüllbar. MAICO, durch zahllose Siege und Meisterschaften im Zuverlässigkeitssport weltbekannt, bietet ein Klasse-Fahrzeug für große Fahrt: MAICO 500, den rassigen bildhübschen Viersitzer, mit Vierganggetriebe, flink und wendig wie mancher viel stärkere Wagen, nur 3,60 DM Kraftstoffverbrauch für 100 km, nur 16,– DM Steuer und Versicherung monatlich.

Motor:	Heinkel-Zweizylinder-Zweitaktmotor, Hubraum 452 ccm, Bohrung x Hub 66 x 66 mm, 18 PS bei 4000 U/min., Verdichtung 7,2:1, 1 Flachstromvergaser, Gemisch 1:25
Getriebe:	Einscheibentrockenkupplung, 4 Gänge synchronisiert, Heckantrieb
Fahrwerk:	Zentralrohrrahmen, Ganzstahlkarosserie, doppelte Querlenker vorn, Pendelachse hinten, hydraulische Trommelbremse
Elektrik:	Batterie 12 V, Lichtmaschine 130 W
Maße:	3420 x 1490 x 1395 mm, Radstand 2020 mm, Spur 1200/1155 mm, Gewicht 585 kg, Wendekreis 11 m
Meßwerte:	Spitze 92 km/h, Verbrauch 6,5 l
Stückzahl:	etwa 6.300
Preis:	3.665 DM (Limousine)

Maico 500 Sport

Maico 500

Daimler-Benz

Nicht nur die Geschichte von Daimler-Benz, auch die Geschichte des Automobils beginnt mit zwei Männern, deren beider Namen heute weltweit für vorzügliche Automobilqualität stehen: Carl Benz und Gottlieb Daimler bauen 1885 die ersten Autos der Welt. Das faszinierende daran: die beiden kennen sich nicht und wissen nichts vom Vorhaben des anderen.

Gottlieb Daimler

Carl Benz

Benz, Jahrgang 1844, stammt aus einer Schwarzwälder Hufschmied-Familie, interessiert sich leidenschaftlich für Technik, wird Ingenieur und macht sich achtundzwanzigjährig mit einer kleinen mechanischen Werkstatt in Mannheim selbständig. Daimler, Jahrgang 1834, Sohn eines Bäckermeisters aus Schorndorf, schon im Kindesalter mehr an allem Technischen als an der Kunst des Backens interessiert, wird ebenfalls Ingenieur, bringt es zum Direktor der Deutzer Gasmotorenfabrik und macht sich 1882 in Cannstatt selbständig. Benz baut seinen Betrieb langsam, aber stetig auf, entwickelt zunächst einen Einzylinder-Zweitaktmotor, präsentiert 1884 seinen ersten Viertakter und ein Jahr später den Wagen dazu: ein unkonventionelles Dreirad. Daimler, mit Unterstützung seines Assistenten Maybach, entwickelt ebenfalls einen Einzylinder-Viertaktmotor, den er 1885 in ein motorradähnliches Gefährt einbaut.

Beide Betriebe gedeihen in den folgenden Jahrzehnten zu bedeutenden Automobilfabriken, wobei Daimlers Mobile die technisch fortschrittlicheren sind. Für den Namen „Mercedes" zeichnet der französische Daimler-Repräsentant Erich Jellinek verantwortlich, der unter dem Pseudonym „Monsieur Mercedes" (Mercedes heißt seine Lieblingstochter) erfolgreich an Autorennen teilnimmt und deshalb die Daimler-Produkte in Frankreich fortan so nennt. 1924 bilden die beiden nur 100 km voneinander entfernt liegenden Firmen eine Interessengemeinschaft, und 1926 kommt es zum Zusammenschluß: Die Daimler-Benz AG nennt ihre Fahrzeuge künftig einheitlich „Mercedes-Benz".

Ein dreizackiger Stern geht auf am Himmel der Autowelt, unter dessen Zeichen excellente Ingenieure wegweisende Neuerungen entwickeln. In den folgenden Jahren bis zum Beginn des Zweiten Weltkrieges bietet Daimler-Benz seinen Kunden eine technisch ausgereifte Palette an Personenwagen, von der in den dreißiger Jahren auch der deutsche Diktator angetan ist. Hitler bevorzugt den riesigen 7,7-Liter-Kompressorwagen mit acht Zylindern, 400 PS und gepanzerter Karosserie. Ein anderer bekannter Deutscher interessiert sich mehr für die sportlichen Mercedes-Benz: Rudolf Caracciola. Er stellt den bis heute nicht gebrochenen Straßen-Weltrekord von 432,7 km/h mit einem 736 PS starken Zwölfzylinder-Mercedes auf. Zur Berliner Automobil-Ausstellung 1936 erscheinen der erste Personenwagen mit Dieselmotor und der 170 V, der noch vor dem Krieg große Popularität erreicht und danach, ab 1947, weitergebaut wird. In den fünf Werken Stuttgart-Untertürkheim und -Sindelfingen, Mannheim, Berlin und Gaggenau werden beim Zusammenschluß 1926 14.000 Mitarbeiter beschäftigt. Während der Weltwirtschaftskrise sinkt die Zahl auf 8.850, steigt nach der Krise sprunghaft an, und 1938 zählt Daimler-Benz 35.000 Beschäftigte.

Während des Zweiten Weltkrieges werden Lastwagen und Flugzeugmotoren hergestellt und alle Werke erheblich beschädigt. Die ersten neuen Personenwagen nach dem Krieg sind der 170 S und die entsprechende Diesel-Version 170 D, die im Mai 1949 präsentiert werden. Es folgt in den fünfziger Jahren ein Programm mit qualitätsvollen Autos der gehobenen Mittelklasse ab 1700 ccm, das bis zur exklusiven Luxuslimousine reicht, der prallgefülltesten Brieftasche und, mit seinen Sonderanfertigungen, dem üppigsten Staatshaushalt gerecht wird.

Die Marke mit dem Stern, heute mit rund 150.000 Beschäftigten eines der größten Unternehmen Europas, hat im Automobilbau zweifellos Maßstäbe gesetzt. Es wird schwerfallen, jemanden zu finden, der auf die Frage nach einem Auto, das leistungsfähig, technisch hochwertig, hervorragend verarbeitet und zeitlos elegant sein soll, nicht die Antwort „Mercedes-Benz" gibt.

Mercedes-Benz 170 V
1952-1953

Mercedes-Benz 170 V 1947 bis 1953

170 D 1949 bis 1953

Mercedes-Benz 170 V

Motor:	Vierzylinder in Reihe, wassergekühlt, Hubraum 1697 ccm (ab 1950 1767 ccm), Bohrung x Hub 73,5 x 100 mm (ab 1950 75 x 100 mm), 38 PS bei 3600 U/min. (ab 1950 45 PS bei 3600 U/min.), Verdichtung 6:1 (ab 1949 6,5:1), Ventile seitlich stehend, 1 Steigstromvergaser, Druckumlaufschmierung, 4 l Öl
Getriebe:	Einscheibentrockenkupplung, 4 Gänge synchronisiert, Schalthebel in Wagenmitte, Hinterradantrieb
Fahrwerk:	Ganzstahlkarosserie, 2 Querfedern vorn, Pendelachse hinten, hydraulische Trommelbremse
Elektrik:	Batterie 6 V, Lichtmaschine 130 W
Maße:	4285 x 1580 x 1610 mm (ab 1950 4285 x 1630 x 1610 mm), Radstand 2845 mm, Spur 1310 / 1296 (ab 1950 1310 / 1342 mm), Gewicht 1160 kg (ab 1950 1185 kg), Wendekreis 11,5 m
Meßwerte:	Spitze 108 km/h (ab 1950 116 km/h), Kombi 110 km/h, Beschleunigung von 0 auf 100 in 40 Sek. (ab 1950 in 34 Sek.), Verbrauch 11 l (ab 1950 10 l), Kombi 11 l
Stückzahl:	49.367
Preise:	8.180 DM 1948, 7.380 DM bis 7.900 DM 1950

Mercedes-Benz 170 D

Motor:	Dieselmotor, Vierzylinder in Reihe, wassergekühlt, Hubraum 1698 ccm (ab 1950 1767 ccm), Bohrung x Hub 73,5 x 100 mm (ab 1950 75 x 100 mm), 38 PS bei 3200 U/min. (ab 1950 40 PS bei 3200 U/min.), Verdichtung 19:1, hängende Ventile, Einspritzpumpe Vorkammer-Dieselverfahren, Druckumlaufschmierung, 4 l Öl
Getriebe:	Einscheibentrockenkupplung, 4 Gänge synchronisiert, Schalthebel in Wagenmitte, Hinterradantrieb
Fahrwerk:	Ganzstahlkarosserie, 2 Querfedern vorn, Pendelachse hinten, hydraulische Trommelbremse
Elektrik:	Batterie 2 x 6 V, Lichtmaschine 130 W
Maße:	4285 x 1580 x 1610 mm (ab 1950 4285 x 1630 x 1610 mm), Radstand 2845 mm, Spur 1310 / 1296 mm (ab 1950 1310 / 1342 mm), Gewicht 1250 kg, Reifen 5,50-16, Wendekreis 11,5 m
Meßwerte:	Spitze 100 km/h (ab 1950 105 km/h), Kombi 100 km/h, Beschleunigung von 0 auf 100 in 50 Sek., Verbrauch 7,5 l Diesel
Stückzahl:	33.823
Preise:	9.200 DM 1949, 8.620 DM bis 8.900 DM 1950

Als der 170 V auf der Berliner Automobil-Ausstellung 1936 vorgestellt wird, ist dies keine Sensation. Wie bei Mercedes-Benz üblich, präsentiert man ohne großen Aufwand ein solides Fahrzeug. Der neue Vierzylinder ist preiswert, anspruchslos, bietet vier Personen nebst Gepäck ausreichend Platz und ist vor dem Zweiten Weltkrieg der meistverkaufte Wagen der Stuttgarter Firma. Als nach dem Krieg die Pkw-Produktion 1946 wieder beginnt, wird der 170 V fast unverändert weitergebaut. Sein neuer „Ovalrohr-X-Rahmen" hat sich bestens bewährt. Der 170 V ist nun mit einem vollsynchronisierten Getriebe ausgerüstet und ab Juli 1947 wieder zu kaufen. Drei Jahre später kommt der 170 Va mit einigen Verbesserungen auf den Markt. Er hat einen stärkeren Motor bekommen, die hintere Spur ist verbreitert und die Straßenlage deshalb ausgeglichener. Die Vordersitze kann man nun während der Fahrt verstellen, und durch den unten befestigten Kofferraumdeckel ist das Hantieren dort jetzt wesentlich praktischer. 1952 gibt es noch einmal geringfügige Änderungen am 170 Vb, wie er jetzt korrekt heißt: die Windschutzscheibe ist vergrößert, der Wischerantrieb verdeckt und die Motorhaube glatter. Der 170 D, seit 1949 gebaut, unterscheidet sich vom 170 V nur durch seinen Dieselmotor. Allgemein gelobt wird die enorme Laufruhe des ersten Nachkriegs-Diesel, der nur beim Start, besonders beim Kaltstart, daran erinnert, daß er keinen Vergaser-Motor unter der Haube hat.

Mercedes-Benz 170 V/170 D

Mercedes-Benz Krankenwagen 170 V

Mercedes-Benz 170 S / 170 S-V 1949 bis 1955

170 DS / 170 S-D 1952 bis 1955

Mercedes-Benz 170 S / 170 S-V

Motor:	Vierzylinder in Reihe, wassergekühlt, Hubraum 1767 ccm, Bohrung x Hub 75 x 100 mm, 52 PS bei 4000 U/min. (ab 1953 45 PS bei 3600 U/min.), Verdichtung 6,5:1 (ab 1953 6,7:1), Ventile seitlich stehend, 1 Fallstromvergaser (ab 1953 1 Steigstromvergaser), Druckumlaufschmierung, 4 l Öl
Getriebe:	Einscheibentrockenkupplung, 4 Gänge synchronisiert, Schalthebel in Wagenmitte, (ab 1953 Lenkradschaltung), Hinterradantrieb
Fahrwerk:	Ganzstahlkarosserie, doppelte Querlenker vorn, Pendel-Schwingachse hinten, hydraulische Trommelbremse
Elektrik:	Batterie 6 V, Lichtmaschine 130 W
Maße:	4455 x 1684 x 1610 mm (ab 1953 4450 x 1685 x 1590 mm), Radstand 2845 mm, Spur 1315 / 1420 mm (ab 1953 1310 / 1435 mm), Gewicht 1220 kg, Reifen 6,40-15, (ab 1953 5,50-16), Wendekreis 12 m
Meßwerte:	Spitze 122 km/h (ab 1953 115 km/h), Beschleunigung von 0 auf 100 in 32 Sek., (ab 1953 in 39 Sek.), Verbrauch 12 l (ab 1953 11,5 l)
Stückzahl:	42.413
Preise:	Limousine 170 S 10.100 DM, Cabriolet B 12.850 DM, Cabriolet A 15.800 DM, Limousine 170 S-V 8.300 DM

Motor:	Dieselmotor, Vierzylinder in Reihe, wassergekühlt, Hubraum 1767 ccm, Bohrung x Hub 75 x 100 mm, 40 PS bei 3200 U/min., Verdichtung 19:1, hängende Ventile, Einspritzpumpe Vorkammer-Dieselverfahren, Druckumlaufschmierung, 4 l Öl
Getriebe:	Einscheibentrockenkupplung, 4 Gänge synchronisiert, Lenkradschaltung, Hinterradantrieb
Fahrwerk:	Ganzstahlkarosserie, doppelte Querlenker vorn, Pendel-Schwingachse hinten, hydraulische Trommelbremse
Elektrik:	Batterie 2 x 6 V, Lichtmaschine 130 W
Maße:	4455 x 1684 x 1610 mm (ab 1953 4450 x 1685 x 1590 mm), Radstand 2845 mm, Spur 1315 / 1435 mm (ab 1953 1310 / 1435 mm), Gewicht 1275 kg (ab 1953 1300 kg), Reifen 5,50-16, Wendekreis 12 m
Meßwerte:	Spitze 105 km/h, Beschleunigung von 0 auf 100 in 56 Sek., Verbrauch 8,5 l Diesel
Stückzahl:	27.872
Preise:	170 DS 10.985 DM, 170 S-D 9.350 DM

Auf dem Pariser Automobilsalon 1949 sorgt der 170 S (S = Sonderklasse) für Aufsehen: Seine elegante Linienführung und die neuen Weißwandreifen gefallen den Franzosen. Aber auch unter der Karosserie, die das Reserverad jetzt im Kofferraum versteckt, hat der neue 170 S Interessantes zu bieten. Der Motor ist abermals vergrößert und leistet 52 PS, außerdem hat der 170 S eine neue Vorderradaufhängung. 1952 wird die Lenkradschaltung eingebaut, die sich – im Gegensatz zu heute – einer großen Beliebtheit erfreut und als besonders chic und modern gilt. Bei dem 170 S-V handelt es sich um ein Auslaufmodell, das mit Karosserie und Fahrgestell des 170 S und mit Motor und Vorderachse des 170 V kombiniert ist. Vom 170 S werden 1949 die ersten Mercedes-Benz-Cabriolets nach dem Krieg gebaut, wobei besonders die Form des Cabriolet „A" besticht, dessen vordere Kotflügel leicht in das Trittbrett schwingen. Bei Cabriolets von Mercedes-Benz steht der Zusatz „A" für 2 Fenster, 2 Türen und 2 Sitze, „B" für 4 Fenster, 2 Türen und 4-5 Sitze, „C" für 2 Fenster, 2 Türen, 2 Sitze und 2 Notsitze, „D" für 4 Fenster, 4 Türen und 4-5 Sitze und „F" schließlich für 6 Fenster, 4 Türen, 6-7 Sitze.

Zu den Typen 170 DS und 170 S-D ist nichts Aufregendes anzumerken: Sie unterscheiden sich von den zuvor beschriebenen wiederum nur durch ihren Dieselmotor.

Mercedes-Benz 170 S
1949-1953

Armaturenbrett des Mercedes-Benz 170 DS

Mercedes-Benz 170 S Cabriolet 1949 bis 1953

Mercedes-Benz 170 S Cabriolet
1949-1953

Mercedes-Benz 220
1951 bis 1955

Motor:	Sechszylinder in Reihe, wassergekühlt, Hubraum 2195 ccm, Bohrung x Hub 80 x 72,8 mm, 80 PS bei 4850 U/min., Verdichtung 6,5:1, hängende Ventile, 1 Doppelfallstromvergaser, Druckumlaufschmierung, 6 l Öl
Getriebe:	Einscheibentrockenkupplung, 4 Gänge synchronisiert, Lenkradschaltung, Hinterradantrieb
Fahrwerk:	Ganzstahlkarosserie, doppelte Querlenker vorn, Pendel-Schwingachse hinten, hydraulische Trommelbremse
Elektrik:	Batterie 6 V, Lichtmaschine 130 W
Maße:	4507 x 1685 x 1610 mm, Radstand 2845 mm, Spur 1315 / 1435 mm, Gewicht 1350 kg, Cabriolet 1440 kg, Reifen 6,40-15, Wendekreis 12 m
Meßwerte:	Spitze 140 km/h, Cabriolet 145 km/h, Beschleunigung von 0 auf 100 in 21 Sek., Verbrauch 14 l, Cabriolet 14,5 l
Stückzahlen:	16.154 Limousinen und 2.360 Cabriolets und Coupés
Preise:	Limousine 11.925 DM, Cabriolet B 15.160 DM, Cabriolet A 18.860 DM, Coupé 20.850 DM

Der erste Sechszylinder nach dem Krieg wird 1951 zur Frankfurter Automobil-Ausstellung herausgegeben. Er entspricht in der Grundkonzeption dem 170er, hat jedoch die Scheinwerfer nicht mehr freistehend, sondern in die Kotflügel eingebaut. Sein neuer, wesentlich verstärkter Motor wird hochgelobt. Die obenliegende Nockenwelle mit Doppelrollenkette, die thermostatisch geregelte Saugrohrheizung und die automatische Zündzeitpunkt-Verstellung sind interessante Neuerungen. Der 220 gilt als fahrsicher, temperamentvoll und komfortabel. Er hat ein Lenkradschloß und die Heckscheibeneinfassung ist jetzt verchromt. Besonders rassig: das zweisitzige Coupé, das nur 1954/55 gebaut wurde. Als Cabriolet kann man den 220 in der „A"- und „B"-Version bekommen.

Mercedes-Benz 220 1951 - 1954

Mercedes-Benz 220 Cabriolet 1951 bis 1955

Mercedes-Benz 220 Coupé 1954-1955

Mercedes-Benz 300 1951 bis 1962 Mercedes-Benz 300 S 1952-1958

Mercedes-Benz 300

Motor:	Sechszylinder in Reihe, wassergekühlt, Hubraum 2996 ccm, Bohrung x Hub 85 x 88 mm, 115 PS bei 4600 U/min. (ab 1954 125 PS bei 4500 U/min., ab 1957 160 PS bei 5300 U/min.), Verdichtung 6,4:1 (ab 1954 7,4:1, ab 1957 8,55:1), hängende Ventile, 2 Fallstromvergaser (ab 1954 2 Register-Fallstromvergaser, ab 1957 Einspritzpumpe), Druckumlaufschmierung, 6,5 l Öl
Getriebe:	Einscheibentrockenkupplung, 4 Gänge synchronisiert, Lenkradschaltung, Hinterradantrieb
Fahrwerk:	Ganzstahlkarosserie, doppelte Querlenker vorn, Pendel-Schwingachse hinten (ab 1955 Eingelenk-Pendelachse hinten), hydraulische Trommelbremse (ab 1955 mit Servohilfe)
Elektrik:	Batterie 12 V, Lichtmaschine 150 W (ab 1957 300 W)
Maße:	4950 x 1838 x 1600 mm (ab 1954 5065 x 1838 x 1640 mm, ab 1957 5190 x 1860 x 1620 mm), Radstand 3050 mm (ab 1957 3150 mm), Spur 1480 / 1525 mm, Gewicht 1780 kg (ab 1955 1860 kg, ab 1957 1950 kg), Cabriolet 1830 kg (ab 1955 1910 kg, ab 1957 2000 kg), Reifen 7,10-15 (ab 1955 7,60-15), Wendekreis 13 m
Meßwerte:	Spitze 160 km/h (ab 1954 163 km/h, ab 1957 170 km/h), Beschleunigung von 0 auf 100 in 18 Sek. (ab 1954 in 17 Sek.), Verbrauch 16,5 l (ab 1954 16 l Super)
Stückzahl:	11.430
Preise:	Limousine von 19.900 DM bis 27.000 DM, Cabriolet von 23.700 DM bis 26.200 DM

Bundeskanzler Adenauer trifft am 10. Januar 1956 zum Neujahrsempfang bei Bundespräsident Heuss vor der Villa Hammerschmidt ein

Mercedes-Benz 300 S

Motor:	Sechszylinder in Reihe, wassergekühlt, Hubraum 2996 ccm, Bohrung x Hub 85 x 88 mm, 150 PS bei 5000 U/min. (ab 1955 175 PS bei 5400 U/min.), Verdichtung 7,8:1 (ab 1955 8,55:1), hängende Ventile, 3 Fallstromvergaser (ab 1955 Einspritzpumpe), Druckumlaufschmierung, 6,5 l Öl (ab 1955 Trockensumpfschmierung, 9 l Öl)
Getriebe:	Einscheibentrockenkupplung, 4 Gänge synchronisiert, Lenkradschaltung, Hinterradantrieb
Fahrwerk:	Ganzstahlkarosserie, doppelte Querlenker vorn, Pendel-Schwingachse hinten (ab 1955 Eingelenk-Pendelachse), hydraulische Trommelbremse (ab 1954 mit Servohilfe)
Elektrik:	Batterie 12 V, Lichtmaschine 150 W (ab 1955 300 W)
Maße:	4700 x 1860 x 1510 mm, Radstand 2900 mm, Spur 1480 / 1525 mm, Gewicht 1760 kg, Reifen 6,70-15, Wendekreis 12,5 m
Meßwerte:	Spitze 176 km/h (ab 1955 180 km/h), Beschleunigung von 0 auf 100 in 15 Sek. (ab 1955 in 14 Sek.), Verbrauch 17 l Super
Stückzahl:	760
Preise:	34.500 DM bis 36.500 DM

Der Mercedes 300, wie der 220 auf der Frankfurter Automobil-Ausstellung 1951 vorgestellt, ist Deutschlands großer Nobelwagen. Von Wirtschaftsführern, hohen Politikern und sonstigen Inhabern dicker Bankkonten als Reise- und Repräsentationswagen genutzt, wird der 300 von Alexander Spoerl, dem bekannten STERN-Autotester, als „Rhein-Ruhr-Volkswagen" bezeichnet. Im Volksmund heißt er bald „Adenauer-Mercedes", weil der Bundeskanzler seinen 300er, mit Trennscheibe, Blaulicht, Stander und Kurzwellentelefon ausgestattet, für seine täglichen Fahrten und Wahlkampfreisen benutzt. Überhaupt gilt der Mercedes 300 als Symbol für Macht und Geld schlechthin.

Die Entwicklung des 300 läuft gleichzeitig mit der des 220, und so finden sich selbstverständlich viele Parallelen. Der Aufbau entspricht der Konstruktion des 170, der Ovalrohr-X-Rahmen stammt vom 170 V. Er ist mit vorderer Einzelradaufhängung ausgestattet, die Pendel-Hinterachse mit Teleskop-Stoßdämpfern. Bei schwerer zusätzlicher Belastung kann man eine Zusatzfederung elektrisch zuschalten. Der kurzhubige Hochleistungsmotor ist 115 PS stark und von hoher Elastizität. Im Unterschied zum 220 ist die Kurbelwelle siebenfach statt vierfach gelagert. Der Typ 300 b wird 1954 mit höherer Leistung und größeren Bremsen angeboten. Der 300 S, eine Weiterentwicklung des 300, wird im Oktober 1951 auf dem Pariser Autosalon gezeigt und ab 1952 verkauft. Er ist der letzte Mercedes in „klassischer" Linienführung.

Vom 300 kann man die Cabriolet-Ausführung „D" bekommen und vom 300 S die Cabriolet-Version „A" sowie ein Coupé und eine Roadster-Ausführung.

Mercedes-Benz 300 Limousine

Mercedes-Benz 300 Cabriolet

Mercedes-Benz 300 Limousine

Mercedes-Benz 300, viersitziges Cabriolet

Mercedes-Benz 300, zweitüriges Cabriolet

Mercedes-Benz 300 S Coupé

Mercedes-Benz 300 S Cabriolet

Mercedes-Benz 300 SL 1954 bis 1963

Motor:	Sechszylinder in Reihe, wassergekühlt, Hubraum 2996 ccm, Bohrung x Hub 85 x 88 mm, 215 PS bei 5800 U/min., Verdichtung 8,55:1, hängende Ventile, Einspritzpumpe, Trockensumpfschmierung, 11 l Öl
Getriebe:	Einscheibentrockenkupplung, 4 Gänge synchronisiert, Schalthebel in Wagenmitte, Hinterradantrieb
Fahrwerk:	Leichtbau-Stahlblech-Karosserie, doppelte Querlenker vorn, Pendel-Schwingachse hinten (ab 1957 Eingelenk-Pendelachse), hydraulische Trommelbremse mit Servohilfe
Elektrik:	Batterie 12 V, Lichtmaschine 150 W
Maße:	4520 x 1790 x 1300 mm, Radstand 2400 mm, Spur 1385 / 1435 mm, Gewicht 1310 kg, Roadster 1420 kg, Reifen 6,50-15, Wendekreis 11,4 m
Meßwerte:	Spitze 235 bis 260 km/h, Beschleunigung von 0 auf 100 in 10 Sek., Verbrauch 17 l Super
Stückzahl:	3.258
Preise:	29.000 DM bis 32.500 DM

Der „Flügeltüren“-Mercedes ist ab Herbst 1954 käuflich. Aerodynamisch perfekt, von Rasse und Ausstrahlung , die bis heute kaum wieder erreicht wird, ist der 300 SL der absolute Star der Marke mit dem Stern. Als Rennsport-Prototyp wird er schon im Frühjahr 1952 vorgestellt und in vielen Rennen eingesetzt. Motor, Getriebe und Fahrwerk entstammen dem Mercedes 300. Neu sind die Benzineinspritzung statt Vergaser, der leichte Gitterrohr-Rahmen und natürlich die Verstärkung des Motors. 215 PS bringen eine Höchstgeschwindigkeit von 235 km/h. Für ein Serienfahrzeug enorme Zahlen. Neben dem Flügeltüren-Coupé gibt es 1958 einen Roadster mit und ohne abnehmbarem Coupé-Dach. Die Flügeltüren sind übrigens kein Gag der Karosserieschneider, sondern konstruktiv bedingt und werden später von anderen Firmen übernommen. Der größere Produktionsanteil des 300 SL wird nach Übersee exportiert, wo Liebhaber heute hohe Preise zahlen, um ihn wieder zurück nach Deutschland zu holen.

Mercedes-Benz 300 SL
1954-1957

Mercedes-Benz 300 SL Roadster 1957 bis 1963

Mercedes-Benz 300 SLR Rennsportausführung mit 8 Zylindern

Mercedes-Benz 180 1953 bis 1962 Mercedes-Benz 180 D 1954 bis 1962 Mercedes-Benz 190 1956 bis 1961 Mercedes-Benz 190 D 1958 bis 1961

Mercedes-Benz 180

Motor:	Vierzylinder in Reihe, wassergekühlt, Hubraum 1767 ccm (ab 1957 1897 ccm), Bohrung x Hub 75 x 100 mm (ab 1957 85 x 83,6 mm), 52 PS bei 4000 U/min. (ab 1957 65 PS bei 4500 U/min.), Verdichtung 6,7:1, Ventile seitlich stehend (ab 1957 hängend), 1 Fallstromvergaser, Druckumlaufschmierung, 4 l Öl
Getriebe:	Einscheibentrockenkupplung, 4 Gänge synchronisiert, Lenkradschaltung, Hinterradantrieb
Fahrwerk:	Selbsttragende Ganzstahlkarosserie, doppelte Querlenker vorn, Pendel-Schwingachse hinten (ab 1957 Eingelenk-Pendelachse), hydraulische Trommelbremse
Elektrik:	Batterie 6 V (ab 1957 12 V), Lichtmaschine 130 W (ab 1955 160 W)
Maße:	4485 x 1740 x 1560 mm, Radstand 2650 mm, Spur 1430 / 1475 mm, Gewicht 1180 kg (ab 1957 1210 kg), Reifen 6,40-13, Wendekreis 11,5 m
Meßwerte:	Spitze 126 km/h (ab 1957 136 km/h), Beschleunigung von 0 auf 100 in 31 Sek. (ab 1957 in 21 Sek.), Verbrauch 11,5 l (ab 1957 10,5 l)
Stückzahl:	118.234
Preise:	9.350 DM bis 9.950 DM, Kombi (Binz) 12.000 DM, Kombi (Miesen) 13.220 DM

Mercedes-Benz 190

Motor:	Vierzylinder in Reihe, wassergekühlt, Hubraum 1897 ccm, Bohrung x Hub 85 x 83,6 mm, 75 PS bei 4600 U/min., Verdichtung 7,5:1, hängende Ventile, 1 Register-Fallstromvergaser, Druckumlaufschmierung, 4 l Öl
Getriebe:	Einscheibentrockenkupplung, 4 Gänge synchronisiert, Lenkradschaltung, Hinterradantrieb
Fahrwerk:	Selbsttragende Ganzstahlkarosserie, doppelte Querlenker vorn, Eingelenk-Pendelachse hinten, hydraulische Trommelbremse
Elektrik:	Batterie 12 V, Lichtmaschine 160 W
Maße:	4485 x 1740 x 1560 mm, Radstand 2650 mm, Spur 1430 / 1475 mm, Gewicht 1240 kg, Reifen 6,40-13, Wendekreis 11,5 m
Meßwerte:	Spitze 139 km/h, Beschleunigung von 0 auf 100 in 20 Sek., Verbrauch 11,5 l Super
Stückzahl:	89.808
Preise:	9.450 DM, Kombi (Binz) 12.750 DM, Kombi (Miesen) 13.970 DM

Mercedes-Benz 180 D und 190 D

Motor:	Vorkammer-Dieselmotor, Vierzylinder in Reihe, wassergekühlt, Hubraum 1767 ccm (1897 ccm), Bohrung x Hub 75 x 100 mm (85 x 83,6 mm), 40 PS bei 3200 U/min. (50 PS bei 4000 U/min.), Verdichtung 19:1 (21:1), hängende Ventile, Einspritzpumpe, Druckumlaufschmierung, 4 l Öl
Getriebe:	Einscheibentrockenkupplung, 4 Gänge synchronisiert, Lenkradschaltung, Hinterradantrieb
Fahrwerk:	Selbsttragende Ganzstahlkarosserie, doppelte Querlenker vorn, Eingelenk-Pendelachse hinten, hydraulische Trommelbremse
Elektrik:	Batterie 12 V, Lichtmaschine 160 W
Maße:	4485 x 1740 x 1560 mm, Radstand 2650 mm, Spur 1430 / 1475 mm, Gewicht 1220 kg (1250 kg), Reifen 6,40-13, Wendekreis 11,5 m
Meßwerte:	Spitze 112 km/h (126 km/h), Beschleunigung von 0 auf 100 in 39 Sek. (29 Sek.), Verbrauch 8 l Diesel (8,5 l)
Stückzahl:	234.321
Preise:	9.450 DM (9.950 DM) bis 10.300 DM
	Angaben in Klammern () für den Typ 190 D

Im September 1953 präsentiert sich der Öffentlichkeit ein ganz neuer Mercedes. Er hat eine Pontonform, bei der die hinteren Kotflügelkonturen nur noch angedeutet sind. Sein Kofferraum ist 75% größer. Der 180 ist niedriger und breiter als seine Vorgänger und hat ein gedrungeneres Kühlergitter. Als erster Mercedes hat er eine selbsttragende Karosserie. Motor und Getriebe stammen vom 170 S. Antriebsaggregat und Vorderradblock ruhen in einem U-förmigen Hilfsrahmen, der an drei Punkten elastisch gelagert ist. Auch die Hinterradaufhängung ist mit einer Gummiverbindung zur selbsttragenden Karosserie ausgestattet. 1958 bekommen die Vordertüren Ausstellfenster, ab 1959 ist der Kühler breiter und von den Stoßstangen verschwinden die Hörner. Der 190 unterscheidet sich vom 180 durch den neuen Hängeventilmotor und die bessere Ausstattung. Eine Chromleiste umgibt die Gürtellinie. Die „D"-Ausführungen unterscheiden sich von den Normalausführungen nur durch ihren Dieselmotor, der vom 170 DS stammt. Kombis werden von den Karosseriefirmen „Blinz" und „Miesen" angeboten, die sich nicht wesentlich voneinander unterscheiden.

Mercedes-Benz 190/190 D

Mercedes-Benz Kombi 180 D, Karosserie Binz

Mercedes-Benz 190 SL Roadster 1955 bis 1962

Mercedes-Benz 190 SL 1955 bis 1962

Motor:	Vierzylinder in Reihe, wassergekühlt, Hubraum 1897 ccm, Bohrung x Hub 85 x 83,6 mm, 105 PS bei 5700 U/min., Verdichtung 8,5:1, hängende Ventile, 2 Register-Fallstromvergaser, Druckumlaufschmierung, 4 l Öl
Getriebe:	Einscheibentrockenkupplung, 4 Gänge synchronisiert, Schalthebel in Wagenmitte, Hinterradantrieb
Fahrwerk:	Selbsttragende Ganzstahlkarosserie, doppelte Querlenker vorn, Eingelenk-Pendelachse hinten, hydraulische Trommelbremse
Elektrik:	Batterie 12 V, Lichtmaschine 160 W
Maße:	4220 x 1740 x 1320 mm, Radstand 2400 mm, Spur 1430 / 1475 mm, Gewicht 1160 kg, Reifen 6,40-13, Wendekreis 11 m
Meßwerte:	Spitze 171 km/h, Beschleunigung von 0 auf 100 in 14,5 Sek., Verbrauch 12,5 l Super
Stückzahl:	25.881
Preise:	Roadster 16.500 DM, Roadster mit Coupédach 17.650 DM

Auch wenn die Daimler-Benz-Werbung es nicht wahrhaben will: „Unseren Tourensportwagen stellen wir Ihnen nicht als kleineren Bruder des 300 SL vor", der bescheidenere Bruder ist er schon. Aber er ist trotzdem sehr sportlich, schnittig, elegant und heute ein begehrtes Liebhaberauto.

Der Zweisitzer geht 1955 in Serie. Entwickelt wird er aus dem Grundtyp 180, hat aber einen neuen Motor, der zunächst als sehr rauh bekrittelt wird. Dieser Motor wird übrigens später mit verminderter Leistung auch beim 190 verwendet. Der 190 SL (SL = Superleicht) hat natürlich keine Lenkradschaltung, sondern die sportliche Mittelschaltung. Der Kofferraum ist für einen Sportwagen erstaunlich groß, und man kann – wie bei vielen Modellen von Mercedes-Benz – einen maßgeschneiderten Koffersatz erwerben. Zur Frankfurter Automobil-Ausstellung wird ein abnehmbarer Coupé-Aufsatz angeboten. Im September 1959 ist die Heckscheibe erheblich vergrößert und ähnelt der in Amerika kreierten „Panoramascheibe".

Mercedes-Benz 190 SL 1955-1962

Mercedes-Benz 190 SL mit abnehmbarem Coupédach

Mercedes-Benz 190 SL Rennsportausführung von 1954

Mercedes-Benz 220
1954 bis 1956
Mercedes-Benz 219
1956 bis 1959
Mercedes-Benz 220 S
1956 bis 1959
Mercedes-Benz 220 SE
1958 bis 1960

Mercedes-Benz 220 und 219

Motor:	Sechszylinder in Reihe, wassergekühlt, Hubraum 2195 ccm, Bohrung x Hub 80 x 72,8 mm, 85 PS bei 4800 U/min., Verdichtung 7,6:1, hängende Ventile, 1 Doppel-Fallstromvergaser, Druckumlaufschmierung, 6 l Öl
Getriebe:	Einscheibentrockenkupplung, 4 Gänge synchronisiert, Lenkradschaltung, Hinterradantrieb
Fahrwerk:	Selbsttragende Ganzstahlkarosserie, doppelte Querlenker vorn, Eingelenk-Pendelachse hinten, hydraulische Trommelbremse
Elektrik:	Batterie 12 V, Lichtmaschine 160 W
Maße:	4715 x 1740 x 1560 mm (4680 x 1740 x 1560 mm), Radstand 2820 mm (2750 mm), Spur 1430 / 1470 mm, Gewicht 1300 kg, Reifen 6,70-13 (6,40-13), Wendekreis 11,5 m
Meßwerte:	Spitze 150 km/h, Beschleunigung von 0 auf 100 in 19 Sek. (17 Sek.), Verbrauch 14 l Super
Stückzahl:	53.782
Preise:	Limousine 12.500 DM, Cabriolet 21.500 DM (10.500 DM)
	Angaben in Klammern () für den Typ 219

Mercedes-Benz 220 S und 220 SE

Motor:	Sechszylinder in Reihe, wassergekühlt, Hubraum 2195 ccm, Bohrung x Hub 80 x 72,8 mm, 100 PS bei 4800 U/min. (115 PS bei 4800 U/min.), Verdichtung 7,6:1, (8,7:1), hängende Ventile, 1 Register-Fallstromvergaser (Zweistempel-Einspritzpumpe), Druckumlaufschmierung, 6 l Öl
Getriebe:	Einscheibentrockenkupplung, 4 Gänge synchronisiert, Lenkradschaltung, Hinterradantrieb
Fahrwerk:	Selbsttragende Ganzstahlkarosserie, doppelte Querlenker vorn, Eingelenk-Pendelachse hinten, hydraulische Trommelbremse
Elektrik:	Batterie 12 V, Lichtmaschine 160 W (240 W)
Maße:	4670 x 1765 x 1530 mm, Radstand 2820 mm, Spur 1430 / 1470 mm, Gewicht 1350 kg (1370 kg), Reifen 6,70-13, Wendekreis 11,7 m
Meßwerte:	Spitze 160 km/h, Beschleunigung von 0 auf 100 in 17 Sek. (15 Sek.), Verbrauch 14 l Super (13,5 l)
Stückzahlen:	55.279 (1.974) Limousinen, 3.429 (1.942) Cabriolets und Coupés
Preise:	Limousine 12.500 DM (14.400 DM), Cabriolet und Coupé 21.500 DM (23.400 DM)
	Angaben in Klammern () für den Typ 220 SE

Karosserie und Fahrwerk dieser Reihe sind vom 180 übernommen. Der Motor stammt vom vorhergehenden Modell 220. Der Radstand ist verlängert. Die Limousine des 220 wird im März 1954 vorgestellt und gilt mit ihrem erstklassigen Motor und den hervorragenden Fahreigenschaften als ein Spitzenprodukt. Der 219 ist die einfachere Ausführung des gleichzeitig auf den Markt kommenden 220 S und wird ab März 1956 gebaut. Der 220 S ist nur durch seine zusätzlichen Chromverzierungen und den stärkeren Motor vom 220 zu unterscheiden. Der 220 SE wiederum ist der gleiche Typ wie der 220 S und unterscheidet sich von diesem lediglich durch seine Benzineinspritzung.

Cabriolets vom Typ „A" und „C" werden vom 220, 220 S und 220 SE angeboten, Coupés gibt es vom 220 S und vom 220 SE.

Text eines Inserates in der Zeitschrift „Das Schönste" von 1956: „Wenn der Verkehr am dichtesten ist, beweist Ihnen der 220 S am deutlichsten seine Überlegenheit. Was schon der dynamische Schwung seiner formvollendeten Karosserie an Temprament verspricht, hält die Kraft seines anzugfreudigen 100-PS-Sechszylinder-Motors in jeder Situation. Die Schnelligkeit, die Ihnen dieser Motor bietet, können Sie dank der hervorragenden Straßenlage des 220 S, seiner ausgewogenen Federung und seiner spielend leichten Bedienung jederzeit sicher und ohne Ermüdung genießen. Und weil Sie durch die sportliche Kraft dieses elegant zu beherrschenden Wagens jede Verkehrssituation überlegen meistern, gilt der 220 S mit Recht als Autorität im Verkehr."

Mercedes-Benz 219

Mercedes-Benz 220 S

Mercedes-Benz 220 S 1956 bis 1959 und 220 SE Coupé

Mercedes-Benz 220 SE Cabriolet
1955-1960

Ford

Mit seiner Idee „Autos für jedermann" will Henry Ford 1903 in Amerika Geldgeber ködern, die ihm die Entwicklung eines solchen Wagens finanzieren sollen. Er hat seine Angel wohl gut ausgeworfen: Es beißen genügend dicke Fische an. Fünf Jahre später beweist der ausgebildete Mechaniker seinen Sponsoren, daß er kein Blendwerk am Angelhaken hatte: Die erste „Tin Lizzie", ein 2,9-Liter-Vierzylinder mit 20 PS, fährt auf der Straße des Erfolges. 1927 ist die „Blech-Liesel", die eigentlich ganz seriös Ford T-Modell heißt, über 15 Millionen mal gebaut und weltbekannt. Mit solchem Ruhm im Rücken und den strengen deutschen Importbeschränkungen für ausländische Kraftwagen im Nacken wagt Ford den Sprung über den Atlantik und landet in der Hauptstadt des Deutschen Reiches, in der 1926 die erste in Deutschland montierte „Blech-Liesel" aus der Montagehalle fährt. Mit der Umstellung vom T-Modell auf das A-Modell 1927 wird das Werk in Berlin zu klein, und die Suche nach einem neuen Standort endet mit der Entscheidung für Köln, wo Henry Ford II 1930 persönlich den Grundstein legt.

Der Entscheidung für Köln ist ein heftiges Ringen unter mehreren deutschen Städten vorausgegangen, die alle daran interessiert sind, mit Hilfe der Ford-Werke in ihren Mauern die hohe Arbeitslosenquote zu senken. Daß Köln als Sieger aus diesem Kampf hervorgeht, hat es dem zähen Verhandeln seines Oberbürgermeisters zu verdanken, der in der Wirtschaftswunderzeit sein Verhandlungsgeschick noch oft unter Beweis stellen kann: Konrad Adenauer.

Innerhalb eines Jahres entsteht in Köln das deutsche Ford-Werk, und 1931 läuft das erste Kölner Ford-Modell A vom Band. Die Weltwirtschaftskrise führt 1932 (6 Millionen Arbeitslose in Deutschland) fast zum Produktionsstillstand. 1933 geht es wieder langsam bergauf. Autobahnen werden gebaut, die Nachfrage nach preisgünstigen „Autos für jedermann" steigt, und nachdem man es nochmal mit einem „B-Modell" versucht hat, folgen für die deutschen Ford-Autos nun die weniger abstrakten Bezeichnungen „Rheinland", „Köln", „Eifel" und „Taunus". Der größte Erfolg vor dem Krieg wird der Kleinwagen „Eifel", das erfolgreichste Baujahr ist das Jahr 1938 mit insgesamt 36.582 gebauten Fahrzeugen. Alle drei Minuten ein Ford; diese Leistung erbringen 4.262 Mitarbeiter, die in den folgenden Kriegsjahren Lastwagen für die Wehrmacht herstellen müssen.

Als erstes deutsches Automobilwerk erhalten die Ford-Werke AG von den Besatzern die Genehmigung, wieder zu produzieren, und schon im Mai 1945 läuft der erste Nachkriegs-Lkw vom Band. Die Pkw-Produktion beginnt 1948 mit dem bereits 1939 gebauten „Taunus", der am 23. November als erster Ford-Wagen nach dem Krieg vorgestellt wird.

Als echte Neuerung erscheint in Köln 1952 der Taunus 12 M (M = wie Meisterstück), gefolgt 1955 vom 15 M und 1957 vom 17 M. Die Meisterstücke verkaufen sich so gut, daß 1961 der einmillionste deutsche Nachkriegs-Ford in der Domstadt gefeiert wird.

Henry Ford II

Heute beschäftigt Ford in seinen Werken Köln, Genk (Belgien), Saarlouis, Düren und Wülfrath rund 50.000 Beschäftigte, produziert jährlich ca. 750.000 Fahrzeuge, wovon etwa zwei Drittel exportiert werden. Für solche Erfolge in Deutschland hat Henry II, Enkel des Firmengründers, eine einleuchtende Erklärung: „Das Wachstum der Ford-Werke seit Kriegsende ist ein Spiegelbild des Fleißes, der Disziplin und des Könnens der deutschen Arbeiter, der hohen Qualifikation deutscher Führungskräfte und der Stabilität der deutschen Gesellschaftsform und Wirtschaftspolitik."

Ford Taunus Spezial (4 Türen, 6 Sitze) 1950-1951

Ford Taunus Karosserie Migö 1951

Ford Taunus 1948 bis 1952

Motor:	Vierzylinder in Reihe, wassergekühlt, Hubraum 1172 ccm, Bohrung x Hub 63,5 x 92,5 mm, 34 PS bei 4250 U/min., Verdichtung 6,6:1, stehende Ventile, 1 Fallstromvergaser, Druckumlaufschmierung, 2,5 l Öl
Getriebe:	Einscheibentrockenkupplung, 3 Gänge, Hinterradantrieb
Fahrwerk:	Plattformrahmen, Ganzstahlkarosserie, Vorder- und Hinterachse starr, hydraulische Trommelbremse
Elektrik:	Batterie 6 V, Lichtmaschine 90 W, ab Mai 1950 130 W
Maße:	4080 x 1485 x 1600 mm, Radstand 2387 mm, Spur 1186 / 1220 mm, Gewicht 935 / 1000 kg, Reifen 5,00-16, ab 1951 5,60-15, Kombi 5,50-16, Wendekreis 10,2 m
Meßwerte:	Spitze 105 km/h, Beschleunigung von 0 auf 100 in 44 Sek., Verbrauch 9 l
Stückzahl:	62.828 von 1948 bis 1952
Preise:	Standard von 6.965 DM bis 5.770 DM, Spezial von 7.200 DM bis 6.500 DM, de Luxe 7.070 DM, Cabrio mit 2 Sitzen 8.730 DM und mit 4 Sitzen 8.830 DM, Kombi 7.580 DM

Mit dem „Buckeltaunus", vor dem Krieg entwickelt und 1939 der Öffentlichkeit vorgestellt, versuchen die Kölner Ford-Werke aerodynamische Erkenntnisse im Karosseriebau anzuwenden: Die Scheinwerfer werden in die Kotflügel eingelassen und der Kühlergrill verliert zugunsten der Frontharmonie seine Eigenständigkeit. Technisch hat der Typ G 73 A, wie er werksintern geführt wird, nichts wesentlich Neues zu bieten. Die Nachkriegsproduktion läuft recht langsam an. Das zerstörte Werk muß aufgebaut werden, Ersatzteile für die defekten Maschinen sind nur schwer zu beschaffen, und so beginnt erst Ende November 1948 die Auslieferung des ersten Ford-Pkw nach dem Krieg. Der Wagen unterscheidet sich von der Vorkriegsausführung nur unwesentlich, gilt als zuverlässig, solide, und die Innenausstattung wird sogar als komfortabel gelobt. Die Fahrleistungen sind gut, die Straßenlage ist akzeptabel. 1950 wird der Kühlergrill mit Chrom verschönt, es gibt eine Lenkradschaltung und Trittbretter. 1952 aber ist der heute noch von vielen verehrte und bewahrte Buckeltaunus veraltet und muß einem Nachfolger weichen, der in Köln ungeduldig auf seinen bejubelten Auftritt wartet.

Gut restaurierte Ford Taunus Standard-Limousine, zweitürig, 1948 bis 1951, die Blinker vorn und hinten wurden nachträglich eingebaut. Bemerkenswert die geteilte Windschutzscheibe und das Ausstellfenster hinten.

Ford Taunus Speziallimousine mit zwei Türen, wie sie 1949 und 1950 gebaut wurde.

Ford Taunus 12 M 1952 bis 1962

Motor:	Vierzylinder in Reihe, wassergekühlt, Hubraum 1172 ccm (1498 ccm), Bohrung x Hub 63,5 x 92,5 mm (82 x 70,9 mm), 38 PS bei 4250 U/min. (55 PS bei 4250 U/min.), Verdichtung 6,8:1, ab 1959 7,4:1, seitlich stehende Ventile (hängende Ventile), 1 Solex-Fallstromvergaser, Druckumlaufschmierung, 2,5 l Öl (2,85 l)
Getriebe:	Einscheibentrockenkupplung, 3 Gänge, Lenkradschaltung, ab 1954 auch Viergang, Hinterradantrieb
Fahrwerk:	Selbsttragende Ganzstahlkarosserie, Vorderachse Doppelquerlenker, ab 1959 Einzelradaufhängung, Hinterachse starr, hydraulische Trommelbremse
Elektrik:	Batterie 6 V, Lichtmaschine 130 W, ab 1957 160 W
Maße:	4060 x 1580 x 1550 mm, Radstand 2489 mm, Spur 1220 / 1220 mm, Gewicht 850 kg, Kombi 930 kg, Reifen 5,60-13, ab 1957 5,90-13, Wendekreis 11,5 m
Meßwerte:	Spitze 112 km/h (128 km/h), Beschleunigung von 0 auf 100 in 38 Sek. (25 Sek.), Verbrauch 9 l (10 l)
Stückzahl:	435.925 von 1952 bis 1962
Preise:	Von 7.535 DM 1952 bis 5.870 DM 1959, Kombi 7.110 DM 1953 bis 6.300 DM 1959, Cabrio 8.860 DM 1954
	Die Angaben in Klammern () für Taunus 12 M mit 1,5-Liter-Maschine, der 1959 bis 1962 gebaut wurde.

„Der mit der Weltkugel in der Nase" präsentiert sich am 8. Januar 1952 als grundsätzlich neue Nachkriegskonstruktion. Die Karosserie, die keine Ähnlichkeit mehr mit der des Buckeltaunus hat, ist in Ponton-Form gearbeitet und findet großen Anklang. Vier – besonders vorn bequeme – Sitze, ein großer Kofferraum, geschmackvolle Ausstattung und viele technische Neuerungen sorgen bei der Kundschaft für Beifall, der nur bei der Begutachtung der Verarbeitung etwas nachläßt. Die Karosserie wird 1959 etwas modernisiert, die Weltkugel ist passé, dafür gibt es einen breiten Seitenstreifen. Daß die Karosserie des 12 M ein „Meisterstück" ist, beweist seine zehn Jahre lang gebaute Grundkonzeption.

Das Cabriolet, recht teuer und nicht besonders attraktiv, spielt im Auto-Theater der Wirtschaftswunderzeit keine große Rolle. Applaus von Handwerk, Handel und Gewerbe sichert sich aber die Kombi-Version des Meisterstücks.

Ford Taunus 12 M 1952-1955

Ford Taunus 12 M 1955-1957

Ford Taunus 12 M Kombi 1957-1959

Aus Auto, Motor und Sport 1958:

1952 war der 12 M eine regelrechte Sensation, er zählte innerhalb seiner Kategorie zu den modernsten Wagen überhaupt. In einer für damalige Verhältnisse verblüffenden Konsequenz bekannten sich die Fordwerke mit ihm zum „fahrenden Raum", zu einem kleinen Mittelklassewagen mit bis dahin nicht für möglich gehaltener Geräumigkeit und Sicht, verbunden mit einer sehr gefälligen, sich an die Karosserieformen Amerikas anlehnenden Linienführung. Es war ein Experiment, zweifellos, aber es wurde zu einem vollen Erfolg. Der Optimismus siegte, denn auch die deutschen Autokäufer fanden, wie sich entgegen den Prognosen vieler Fachleute herausstellte, durchaus Gefallen an der modernen Autoform, zumal sie sich auch in praktischer Hinsicht als vorteilhaft erwies.
Heute nun ist die Situation für den 12 M sehr viel anders. Die selbsttragende Pontonkarrosserie, ihre glattflächigen Proportionen und ihre Geräumigkeit stellen längst die fast allgemein übliche Bauart dar, ja, das Publikum hat sich inzwischen bereits an viel gewagtere Konturen gewöhnt, wie zum Beispiel den 17 M. Fahrleistungen und Fahreigenschaften sind für heutige Begriffe kaum weiter bemerkenswert, und der 1,2 Liter-Motor, dessen Konstruktion Anfang der dreißiger Jahre entstand, ist längst der letzte deutsche Seitenventiler. Dennoch verbleibt dem 12 M weiterhin ein treuer Kundenkreis, denn er ist ein wirtschaftliches, gut ausgereiftes Fahrzeug, frei von sonderlichen Ambitionen, doch dankbar im alltäglichen Gebrauch.
Der 12 M hat heute neben seinen größeren Brüdern im Verkaufsprogramm der Kölner Fordwerke naturgemäß eine andere Aufgabe als in jenen Jahren, in denen er dessen Mittelpunkt bildete. Er figuriert dort jetzt als billigstes Modell und mußte sich seines Preises wegen schon einige Konzessionen gefallen lassen. So hat er kleinere Reifen (wieder wie am Anfang 5,60 statt 5,90-13), etwas weniger Chrom, eine Windschutzscheibe aus Sekurit statt aus Verbundglas, eine vereinfachte Motorhaubenverriegelung sowie kein Schloß im Handschuhkastendeckel, keine Türtaschen und keine zweite Sonnenblende mehr. Andererseits kamen ihm, schon aus Gründen der Rationalisierung, einige Ausstattungsdetails des 15 M zugute. Dennoch ist der 12 M immer noch ein elegant und sorgfältig ausstaffiertes Automobil.

Ford Taunus 12 M Cabriolet 1953 bis 1954

Ford Taunus 12 M 1959-1962

Ford Taunus 15 M
1955 bis 1958

Motor:	Vierzylinder in Reihe, wassergekühlt, Hubraum 1498 ccm, Bohrung x Hub 82 x 70,9 mm, 55 PS bei 4250 U/min., Verdichtung 7,0:1, hängende Ventile, 1 Solex-Fallstromvergaser, Druckumlaufschmierung, 2,5 l Öl
Getriebe:	Einscheibentrockenkupplung, 3 und 4 Gänge, Lenkradschaltung, Hinterradantrieb
Fahrwerk:	Selbsttragende Ganzstahlkarosserie, Vorderachse Querlenker, Hinterachse starr, hydraulische Trommelbremse
Elektrik:	Batterie 6 V, Lichtmaschine 130 W, ab Sept. 1957 160 W
Maße:	4060 x 1580 x 1550 mm, Radstand 2489 mm, Spur 1220 / 1220 mm, Gewicht 895 kg, Kombi 965 kg, Reifen 5,60-13, Kombi 6,40-13, Wendekreis 11,5 m
Meßwerte:	Spitze 128 km/h, Beschleunigung von 0 auf 100 in 25 Sek., Verbrauch 8 l
Stückzahl:	160.090 von 1955 bis 1958
Preise:	6.375 DM, de Luxe 6.935 DM, Kombi 6.740 DM, Cabrio mit 2 Sitzen 8.765 DM und mit 4 Sitzen 8.840 DM

Viele Kenner der Automobilszene vermuten 1952, daß der 12 M nur als Übergangsmodell gebaut wird, bis der in Kürze erwartete 1,5-Liter-Wagen erscheint. Diese Leute müssen sich jedoch drei Jahre gedulden und haben falsch kalkuliert: Heute gilt eher der 15 M als ein Übergangsauto. Mit seinen drei Baujahren liegt er weit hinter der Bauzeit des 12 M zurück, von dem er sich im wesentlichen nur durch seinen 1,5-Liter-Kurzhub-Hängeventil-Motor unterscheidet. Aber der 15 M erkämpft sich im Schatten des kleinen Bruders durchaus respektable Verkaufszahlen. Die „de Luxe"-Version, im Herbst 1955 vorgestellt, kennzeichnet sich durch breite „Zähne" am Kühlergrill und Lackierungsvarianten.

Die Taunus 15 M Kombi- und Lieferwagen wurden in der Regel von Kaufleuten und Gewerbetreibenden gekauft. Eine halbe Tonne Nutzlast, relativ großer Laderaum und eine praktische, breite Hecktür. 1955 werden in Frankfurt Kombi- und Lieferwagen in alpenblau, silbergrau, lichtgrün und silbergrau-braun gezeigt. Auf Wunsch ist folgendes Sonderzubehör erhältlich: Klimaanlage, Radio, Scheibenwaschanlage, Blinkhupe und schlauchlose Reifen.

Ford Taunus 15 M de Luxe 1955

Ford Taunus 17 M 1957 bis 1960

Motor:	Vierzylinder in Reihe, wassergekühlt, Hubraum 1698 ccm, Bohrung x Hub 84 x 76,6 mm, 60 PS bei 4250 U/min., Verdichtung 7,1:1, hängende Ventile, 1 Solex-Fallstromvergaser, Druckumlaufschmierung, 3,25 l Öl
Getriebe:	Einscheibentrockenkupplung, 3 und 4 Gänge, Lenkradschaltung, Hinterradantrieb
Fahrwerk:	Selbsttragende Ganzstahlkarosserie, Einzelradaufhängung vorn, Starrachse hinten, hydraulische Trommelbremse
Elektrik:	Batterie 6 V, Lichtmaschine 160 W
Maße:	4375 x 1670 x 1500 mm, Radstand 2604 mm, Spur 1270 / 1270 mm, Gewicht 1016 kg, Kombi 1080 kg, Reifen 5,90-13, Kombi 6,40-13, Wendekreis 11,5 m
Meßwerte:	Spitze 128 km/h, Beschleunigung von 0 auf 100 in 23 Sek., Verbrauch 11 l
Stückzahl:	236.533 von 1957 bis 1960
Preise:	Limousine mit 2 Türen 6.830 DM, mit 4 Türen 7.270 DM, Kombi 7.170 DM, de Luxe mit 2 Türen 7.370 DM, de Luxe mit 4 Türen 7.870 DM und de Luxe Kombi 7.730 DM

Wenn man vom Heckflossen-Taunus als „die nächste Sensation im Hause Ford" spricht, so ist das keineswegs übertrieben. Der 17 M erfüllt die hohen Erwartungen, die die Vorlaufwerbung geweckt hatte. Die Karosserie ist eine völlig neue Konstruktion, der Innenraum bietet einen Kunststoff-Dachhimmel, ein griffiges Lenkrad und 5 Personen einen bequemen Platz. Man kann den 17 M mit 2 oder 4 Türen erwerben, mit und ohne Stahlschiebedach und als „de Luxe"-Ausführung mit Zweifarben-Lackierung. Auch der Motor kommt nicht zu kurz: er hat einen neuen Zylinderkopf. Das Preis-Leistungs-Verhältnis stimmt, und so steht dem Verkaufserfolg des „Barocktaunus", wie er in Liebhaberkreisen genannt wird, nichts im Wege.

Ford Taunus 17 M de Luxe Kombi
1959-1960

Die Spitzenklasse der Mittelklasse –

der neue TAUNUS 17 M de Luxe

Zweitürig oder viertürig ... mit automatischer Kupplung, Kraftstoff sparendem Overdrive (Schongang), Polsterbezügen aus echtem Leder, Schiebe- oder Kurbeldach – alle diese Wünsche lassen sich mit dem imponierend eleganten TAUNUS 17 M de Luxe erfüllen. Außerdem verfügen Sie über die vitale Dauerleistung seiner 60 Pferde mit der Beschleunigungskraft des hohen Drehmoments: in nur 15 Sekunden gelangen Sie aus dem Stand auf 80 km/h. Steigungen bis 43 % nimmt der robust-elastische Motor.

Bequemlichkeit und Sicherheit gehören in diesem komfortablen Automobil eng zusammen: die Rückenlehnen der Vordersitze sind einzeln verstellbar, die Mittelarmlehne im Fond kann ausgeklappt oder versenkt werden, das korbförmige Sicherheits-Lenkrad liegt gut in der Hand. Mit Schaumgummiauflagen sind die Sitze gepolstert, ebenfalls gepolstert sind die Armaturenfront und die Sonnenblenden. – Angenehm leichtgängig ist die Lenkung, erfreulich einfach ist die Handhabung – ungewöhnlich gut ist die Straßenlage. Ihr TAUNUS 17 M de Luxe ist zudem ausgestattet mit: Scheibenwaschanlage, Blinkhupe, Rückfahrscheinwerfer, Weißwandreifen, weiß bespanntem Wagenhimmel.

Welch ein schöner Anblick: ein TAUNUS 17 M de Luxe – edel in Form und Linie, mit wuchtiger Front, imposanten Heckleuchten, geschmackvollem Chromschmuck und leuchtender Zweifarben-Lackierung. – Machen Sie sich selbst die Freude einer Probefahrt – es lohnt sich!

TAUNUS 12 M
TAUNUS 12 M KOMBI
TAUNUS 15 M
TAUNUS 15 M KOMBI
mit neuer Front und vollsynchronisiert – auf Wunsch automatische Kupplung.

TAUNUS 17 M de Luxe
2 türig, 4 türig und KOMBI – 1,7 Liter – 60 PS – auf Wunsch mit Overdrive (Schongang), automatischer Kupplung, Schiebe- oder Kurbeldach, Polsterbezügen aus echtem Leder.

So wurde der 17 M de Luxe 1958 der Leserschaft von Auto, Motor und Sport in einem Inserat schmackhaft gemacht.

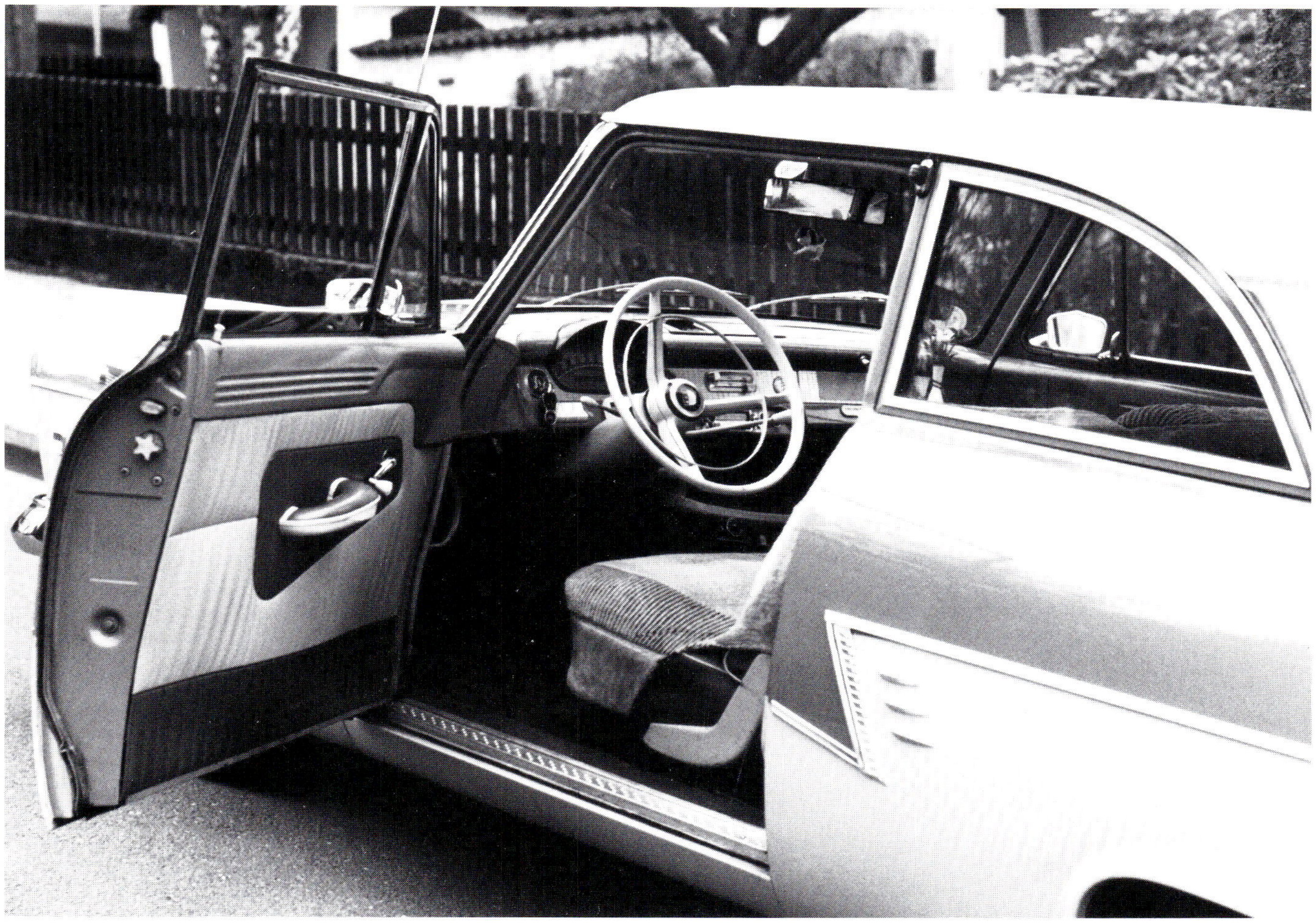

Ford Taunus 17 M 1957 bis 1960

Glas

Hans Glas, ein Privatunternehmer aus dem niederbayerischen Dingolfing, beginnt 1951 mit der Produktion des Goggo-Motorrollers und landet vier Jahre später mit seinem Goggomobil gleich einen großen Erfolg. Seniorchef Hans Glas und Sohn Andreas versuchen sich anschließend im Bau von großen Autos, das Geld für die nötigen Investitionen aber können sie nicht aufbringen. Mit dem stagnierenden Kleinwagenumsatz Ende der fünfziger bzw. Anfang der sechziger Jahre gerät der 4.000 Mitarbeiter zählende Betrieb langsam, aber sicher in die roten Zahlen. Es nützt auch nichts, daß Andreas Glas Besucher, die auf die Halden hinweisen, mit seinem Privatflugzeug im Rundflug über Ingolstadt, München und Heilbronn fliegt um ihnen zu zeigen, daß auch andere Pkw-Hersteller über große Autohalden verfügen: 1966 wird Glas von BMW übernommen.

Das Goggomobil, das im Herbst 1954 erstmals vorgestellt wird, findet besonders großen Anklang bei Besitzern des alten Führerscheins IV. Der enorme Verkaufserfolg ist aber im wesentlichen darin begründet, daß Hans Glas seinen Kleinwagen zum richtigen Zeitpunkt auf den Markt bringt und ihm das Aussehen eines halbwegs „richtigen" Autos verpaßt. Einkommen und Ansprüche in der Bundesrepublik steigen. Wer zunächst mit einem Motorrad oder Motorroller zufrieden war, will jetzt eine Stufe höher. Die verschiedenen Kabinenroller bieten zu wenig Platz oder sind zu schlicht ausgestattet. Da kommt das Goggomobil gerade richtig! 4 Räder, Ponton-Form, Tür auf beiden Seiten, richtiges Lenkrad, Schiebefenster, ein Kofferraum (wenn auch winzig), angedeutete Stoßstangen, Kindersitzbank – und das alles für etwas mehr als 3.000 Mark: Das Goggomobil wird der erfolgreichste Kleinwagen seiner Zeit.

Im Laufe seiner Bauzeit gibt es drei Versionen mit 250-, 300- und 400-ccm-Motor. Das gleiche gilt für das Coupé, das sich 1957 zu seinem beliebten Bruder gesellt und sogleich bei sportlich ambitionierten Kleinwagenkunden für Interesse sorgt. Die windschlüpfrige hübsche Karosserie erhöht die Spitzengeschwindigkeit auf rund 100 km/h. Die Beschleunigung ist schneller als bei der Limousine, und daß das Coupé sehr seitenwindempfindlich und sein Motor recht laut ist, stört kaum jemanden: Trotz des Preises von knapp 4.000 Mark wird auch das Coupé mit rund 90.000 verkauften Exemplaren ein „Renner".

Goggomobil T 250

Goggomobil TS 250 Coupé

Goggomobil 1955 bis 1969

Motor:	Zweitakt-Zweizylinder, luftgekühlt, Hubraum 247 ccm (296 ccm), 13,6 PS bei 5400 U/min. (14,8 PS bei 5000 U/min.), Verdichtung 6:1, 1 Schrägdüsenvergaser, Gemisch-Schmierung 1:25
Getriebe:	Zweischeibenkupplung im Ölbad, 4 Gänge, Schalthebel in Wagenmitte, Hinterradantrieb
Fahrwerk:	Plattformboden, mittragende Stahlblechkarosserie, Querlenker vorn, Pendelschwingachse hinten, hydraulische Trommelbremse
Elektrik:	Batterie 12 V, Lichtmaschine 130 W
Maße:	2900 x 1280 x 1310 mm, Coupé 3035 x 1370 x 1235 mm, Radstand 1800 mm, Spur 1090 / 1090 mm, Gewicht 435 kg, Coupé 480 kg, Wendekreis 9 m
Meßwerte:	Spitze 72 km/h (85 km/h), Coupé 84 km/h, Verbrauch 6 l
Stückzahl:	280.739, davon etwa ein Drittel Coupés
Preise:	3.097 DM bis 4.030 DM
	Die Angaben in Klammern () betreffen den Typ T 300

Im September 1957 bei der IAA in Frankfurt wird der Isar als Prototyp vorgestellt. Der Kombi folgt im Herbst 1959. Ab August 1960 ist der Isar mit einem größeren Heckfenster ausgestattet. Dieser recht unauffällige Wagen mit seinen 600 bzw. 700 ccm gehört schon zu den großen unter den kleinen, und für die Firma Glas ist die Entwicklung des Isar der Sprung vom Motorroller zum eigenständigen Auto.

Glas Isar 1958 bis 1965

Motor:	Zweizylinder Boxer, luftgekühlt, Hubraum 584 ccm (688 ccm), 20 PS bei 5000 U/min. (30 PS bei 4900 U/min.), Verdichtung 7:1 (7,2:1), hängende Ventile, Druckumlaufschmierung, 2 l Öl
Getriebe:	Einscheibentrockenkupplung, 4 Gänge, synchronisiert, Schalthebel in Wagenmitte, Hinterradantrieb
Fahrwerk:	Selbsttragende Ganzstahlkarosserie, Längs- und Querlenker vorn, Starrachse hinten, hydraulische Trommelbremse
Elektrik:	Batterie 12 V, Lichtmaschine 130 W
Maße:	3430 x 1470 x 1380 mm, Radstand 2000 mm, Spur 1200 / 1170 mm, Gewicht 650 kg, Wendekreis 9,8 m
Meßwerte:	Spitze 102 km/h (110 km/h), Beschleunigung von 0 auf 100 in 66 Sek. (40 Sek.), Verbrauch 7 l (7,5 l)
Stückzahlen:	87.000, davon 14.000 Kombis
Preise:	4.300 DM (4.970 DM)
	Die Angaben in Klammern () betreffen den Typ T 700

Goggomobil Coupé
1957-1964

Gutbrod

Der Gutbrod ist ein gelungener, ansehnlicher Zweisitzer, dessen Karosserie schon die neue Ponton-Form zeigt. Das Cabriolet wird bei Weinsberg gebaut. Für den Kombi zeichnet das Westfalia-Werk verantwortlich. Die Ausführung „700 Luxus" ist wahlweise mit Vergaser oder Einspritzmotor zu bekommen. Gutbrod ist vor dem Zweiten Weltkrieg eine Motorradfabrik, die sich erst mit dem Superior nach dem Krieg ins Autogeschäft wagt und dieses nach vier Jahren wegen finanzieller Schwierigkeiten wieder aufgibt. Die Familie Gutbrod steigt aus der Firma aus, die jetzt Landmaschinen herstellt.

Gutbrod Superior 1950 bis 1954

Motor:	Zweitakt-Zweizylinder, wassergekühlt, Hubraum 593 ccm (663 ccm), 20 PS bei 4000 U/min. (26 PS bei 4300 U/min.), Verdichtung 6,6:1 (6,8:1), 1 Fallstromvergaser, Gemisch-Schmierung 1:25
Getriebe:	Einscheibentrockenkupplung, 3 Gänge, Schalthebel in Wagenmitte, Frontantrieb
Fahrwerk:	Zentralrohrrahmen, Ganzstahlkarosserie, doppelte Querlenker vorn, Pendelachse hinten, hydraulische Trommelbremse
Elektrik:	Batterie 6 V, Lichtmaschine 130 W
Maße:	3560 x 1490 x 1365 mm, Radstand 2000 mm, Spur 1130 / 1160 mm, Gewicht 710 kg (740 kg), Reifen 4,25-15, Wendekreis 9,7 m
Meßwerte:	Spitze 100 km/h (110 km/h), Beschleunigung von 0 auf 100 in 100 Sek. (50 Sek.), Verbrauch 7,5 l
Stückzahl:	7.726
Preise:	4.280 DM (6.445 DM)
	Die Angaben in Klammern () betreffen den Typ 700 Luxus

Zweisitziges Gutbrod Superior Cabriolet 1950 bis 1954 und Gutbrod Superior Kombi 1952 bis 1954

Heinkel

Das Dreirad-Fahrzeug wird von der Heinkel AG Anfang 1955 mittels Prototyp vorgestellt und ab Juni 1956 serienmäßig gebaut. Der robuste und vielerlei erprobte Heinkel-Viertakt-Motor weist 174 bzw. 204 ccm auf und bringt es mit seinen 9,2 bzw. 10 PS immerhin auf rund 80 km/h. Ab Oktober ist die Kabine mit 2 Hinterrädern ausgestattet, die eng beieinander stehen. 1958 verkauft Heinkel die Firma an eine irische Fabrik, die diese später an eine englische Firma weiterveräußert, die noch in den sechziger Jahren Heinkelkabinen herstellt.

Heinkel Kabine 1956 bis 1957

Motor:	Viertakt-Einzylinder, luftgekühlt, Hubraum 174 ccm (204 ccm), 9,2 PS bei 5500 U/min. (10 PS bei 5500 U/min.), Verdichtung 7,4:1 (6,8:1), hängende Ventile, Ölbad-Schleuderschmierung, 1,4 l Öl
Getriebe:	Mehrscheiben-Ölbad-Kupplung, 4 Gänge, Hinterradantrieb
Fahrwerk:	Ganzstahlkarosserie auf Rohrgerippe, gezogene Schwingen vorn, einseitige Aufhängung des Rades hinten (Schmalspurhinterachse)
Elektrik:	Batterie 12 V, Lichtmaschine 90 W
Maße:	2550 x 1370 x 1320 mm, Radstand 1760 mm, Spur vorn 1225 mm, hinten 1 Rad (220 mm), Gewicht 250 kg (290 kg), Reifen 4,40-10, Wendekreis 8,5 m
Meßwerte:	Spitze 82 km/h (86 km/h), Verbrauch 4 l
Stückzahl:	6.436
Preis:	2.850 DM
	Die Angaben in Klammern () betreffen den Typ mit 200 ccm

Heinkel Kabine 1956-1957

Kleinschnittger

Ein Winzling mit Aluminiumkarosserie und 125-ccm-Ilo-Motor ist dieser Zweisitzer, der von dem Konstrukteur Paul Kleinschnittger in Arnsberg gebaut wird. Kleinschnittger hat das Bedürfnis nach kleinsten Autos zwar rechtzeitig erkannt, kann sich aber gegen die überstarke Konkurrenz nicht durchsetzen. Aufgrund der schnittigen Karosserie ist dieser Kleinstwagen bei Oldtimerliebhabern und -sammlern heute besonders beliebt und erzielt überdurchschnittlich hohe Preise. Kleinschnittger, der sich mit seinem Konkurs nie abfinden konnte und bis ins hohe Alter an seinen Wägelchen bastelte, stand den Kleinschnittgerfreunden stets mit Rat und Tat zur Seite. Im Alter von 79 Jahren starb Paul Kleinschnittger im Januar 1989 in Brilon.

Kleinschnittger F 125
1950 bis 1957

Motor:	Zweitakt-Einzylinder, luftgekühlt, Hubraum 123 ccm, 4,5 PS bei 5000 U/min., Verdichtung 6,8:1, Gemisch-Schmierung 1:20
Getriebe:	Lamellenkupplung, 3 Gänge mit Ratschenschaltung, Schalthebel unter dem Lenkrad, Frontantrieb
Fahrwerk:	Zentralrohrrahmen mit Alu-Karosserie, geschobene Längsschwingarme vorn, gezogene Längsschwingarme hinten, mechanische Trommelbremse
Elektrik:	Batterie 6 V, Lichtmaschine 25 W
Maße:	2895 x 1185 x 1220 mm, Radstand 1700 mm, Spur 1010 / 1010 mm, Gewicht 150 kg, Wendekreis 7,5 m
Meßwerte:	Spitze 70 km/h, Verbrauch 2,5 l
Stückzahl:	2.980
Preise:	1.995 DM bis 2.450 DM

Kleinschnittger F 125 1950-1954

Kleinschnittger werden quer durch Arnsberg zum Güterbahnhof transportiert

Dreisitziges Coupé F 250, von dem nur 22 Exemplare gebaut wurden. Der F 250 ist mit einem 2-Zylindermotor ausgestattet, erreicht eine Spitzengeschwindigkeit von 110 km/h und wird für 3450 DM verkauft (links). In der oben abgebildeten Einzelanfertigung, genannt „250 Spezi", verwirklichte Kleinschnittger seine Vorstellung von einem Heckflossenwagen.

Bei der Rallye Lissabon-Madrid errang der Kleinschnittger F 125 den 2. Platz in der Klasse bis 1100 ccm. Wegen dieser hervorragenden Leistung wurde der nur 125-ccm-Wagen mit dem hier abgebildeten Pokal ausgezeichnet.

Wegen des fehlenden Rückwärtsganges mußte der nur 150 kg wiegende F 125 bei Bedarf herumgehoben werden. Auf der Abbildung unten sind die ersten F 125 auf dem Arnsberger Betriebsgelände zu sehen.

Messerschmitt

Die Messerschmitt Kabinenroller werden von Fritz Fend aus seinem Fend-Flitzer entwickelt, den er in Einzelanfertigung in Rosenheim ab 1948 baut. Die ulkigen und sehr populären Messerschmitts werden ab Frühjahr 1953 im Regensburger Messerschmitt-Werk serienmäßig produziert. Anfang 1955 kommt der KR 200 heraus, dessen Hubraum leicht angehoben wird. 1956 stößt der Messerschmitt-Konzern den Kabinenrollerbau ab, den Fritz Fend in eigener Regie übernimmt. Bis Juni 1964 baut Fend, wenn auch in geringer Stückzahl, den Kabinenroller weiter, der 1958 noch den sportlichen Bruder erhält, den FMR TG 500. Dieser „Tiger" ist mit einem 500-ccm-Motor ausgerüstet, leistet 19 PS und erreicht eine Höchstgeschwindigkeit von 125 km/h.

Messerschmitt Kabinenroller KR 175 1953 bis 1954

Messerschmitt Kabinenroller KR 200 1955 bis 1964

Motor:	Zweitakt-Einzylinder, luftgekühlt, Hubraum 173 ccm (191 ccm), 10,9 PS bei 5250 U/min., Verdichtung 6,5:1, 1 Schrägdüsenvergaser, Gemisch-Schmierung 1:25
Getriebe:	Dreischeiben-Ölbad-Kupplung, 4 Gänge, Handschaltung mit automatischer Kupplung (Schalthebel rechts vom Fahrer), Hinterradantrieb
Fahrwerk:	Ganzstahlkarosserie mit Rohrträgern und tragender Bodenwanne, Plexiglas-Kabinenhaube, Querlenker vorn, einseitige Aufhängung des Rades hinten, mechanische Trommelbremse
Elektrik:	Batterie 6 V, Lichtmaschine 45 W (90 W)
Maße:	2820 x 1220 x 1200 mm, Radstand 2030 mm, Spur vorn 920 mm (1080 mm), hinten 1 Rad, Gewicht 220 kg (240 kg), Reifen 4,00-8 (4,40-8), Wendekreis 8 m (9 m)
Meßwerte:	Spitze 78 km/h (90 km/h), Verbrauch 3,5 l (4,5 l)
Stückzahl:	etwa 50.000
Preise:	2.400 DM bis 2.700 DM bzw. für den Tiger 3.725 DM
	Die Angaben in Klammern () betreffen den Typ KR 200

„Dreirad im Winter" heißt ein Artikel, den C. Hertweck 1956 in der Zeitschrift MOTORRAD veröffentlicht und er befindet: „Wenn der Messerschmitt aus der Spur geht, dann tut er das nicht überfallweise wie die anderen Dreiräder, man spürt ihn tatsächlich kommen."

Außer dem KR 175 und dem KR 200 wurden bei Messerschmitt etwa 300 TG 500 (Tiger) gebaut. Mit dem Dreirad hat der Tiger nur die Karosserie gemeinsam. Hauptunterschied ist das Vierradfahrwerk und der 20 PS starke Zweizylindermotor. Die Radgröße wurde von 8 auf 10 Zoll vergrößert. Der Tiger gilt als das schnellste Fahrzeug bis 500 ccm und ist heute ein begehrtes Sammlerobjekt.

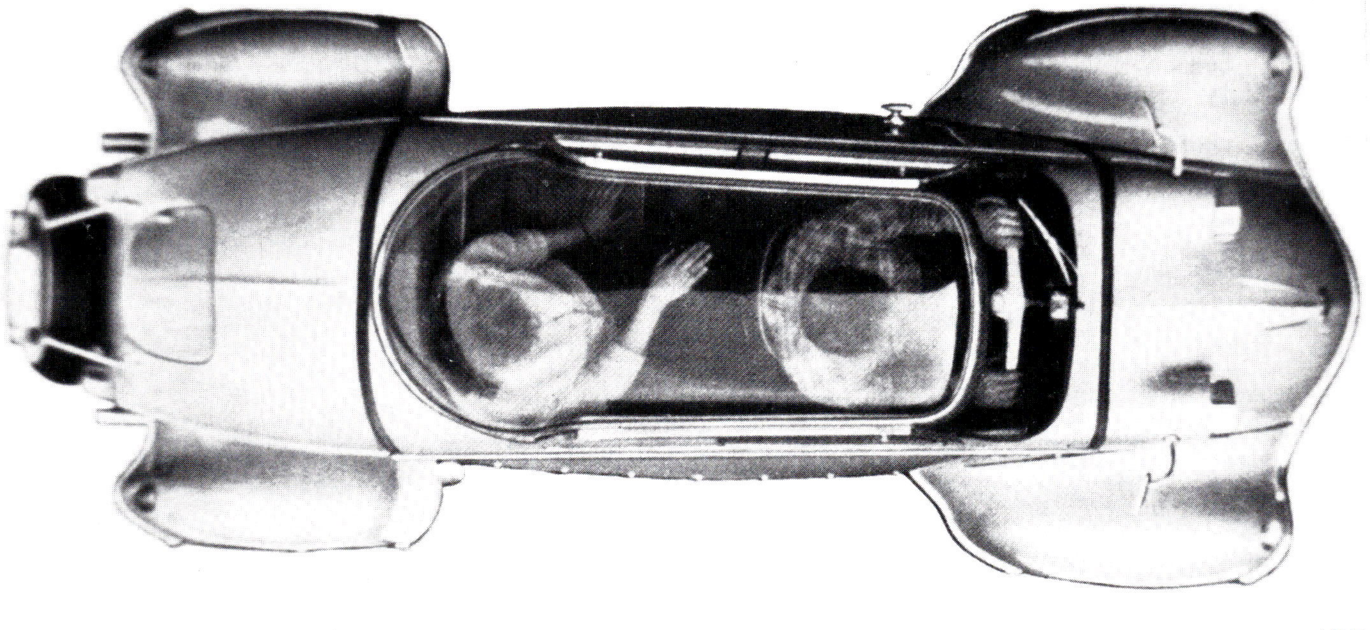

Messerschmitt KR 200   1955-1964

Messerschmitt Tiger 500   1958-1961

NSU Prinz

Ein neues Kleinmobil will sich einen Platz erkämpfen in einem Markt, der von etablierten Kleinwagen beherrscht wird. Dem Prinz gelingt dies mit großer Bravour. Seine keß aussehende Karosserie, der verdoppelte, bewährte NSU-Motorradmotor, die gute Straßenlage und die temperamentvolle Leistung sorgen für ein eher positives Gesamturteil. Daran können auch die schlechte Federung, die Seitenwindempfindlichkeit oder das verhältnismäßig laute Motorengeräusch nichts ändern. Mit dem NSU-Prinz gelingt der Neckarsulmer Motorradfabrik 1958 der erneute Einstieg ins Automobilgeschäft, und in den folgenden Jahren wird eine erfolgreiche Reihe kleiner Wagen gebaut. Anfang 1969 wird NSU unter der Regie des VW-Konzerns mit der Auto-Union zur „Audi NSU Auto Union AG" zusammengeschlossen.

NSU Prinz 1958 bis 1962

Motor:	Zweizylinder, luftgekühlt, Hubraum 583 ccm, Bohrung x Hub 75 x 66 mm, 20 PS bei 4600 U/min., Verdichtung 6,8:1, 1 Fallstromvergaser, Druckumlaufschmierung, 2,3 l Öl
Getriebe:	Einscheibentrockenkupplung, 4 Gänge, Schalthebel in Wagenmitte, Hinterradantrieb
Fahrwerk:	Selbsttragende Ganzstahlkarosserie, doppelte Querlenker vorn, Pendelachse hinten, hydraulische Trommelbremse
Elektrik:	Batterie 12 V, Lichtmaschine 130 W
Maße:	3145 x 1420 x 1370 mm, Radstand 2000 mm, Spur 1200 / 1200 mm, Gewicht 510 kg, Reifen 4,40-12, Wendekreis 9 m
Meßwerte:	Spitze 105 km/h, Beschleunigung von 0 auf 100 in 53 Sek., Verbrauch 7 l
Stückzahl:	94.549 Prinzen der Serien I bis III
Preise:	3.600 DM bis 4.200 DM

NSU Prinz 1958-1962

NSU Prinz 4 1961-1969

Der Sportprinz, vom italienischen Schneider Bertone, wird auch 1958 auf den Markt gebracht. Er ist bedeutend schnittiger als sein Bruder, verfügt über zwei vollwertige Sitze und zwei Notsitze und über das Fahrgestell des Prinzen. Mit seinen 30 PS bringt das Coupé eine Spitzengeschwindigkeit von 135 km/h und kostet 6500 DM.

Opel

„Durch Übernahme der Motorwagen-Fabrik F. Lutzmann in Dessau und Verpflanzung derselben inclusive aller Arbeiter nach Rüsselsheim bin ich in der Lage, Motorwagen in jeder gewünschten Stärke und Ausführung in kürzester Frist zu liefern." Mit dieser Annonce im Jahre 1898 wird eine Automobilmarke angekurbelt, die vor dem Zweiten Weltkrieg alle Konkurrenten überholt und sich in Deutschland an die Spitze setzt. Nach dem Krieg gelingt es nur dem Volkswagen, diese sieggewohnte Marke zu überrunden. Die Rede ist von Adam Opel, mit dessen Produkten sich die Schüler von heute in der Regel besser auskennen, als mit denen von Opels Namensvetter Adam Riese.

Aber lassen wir die mehr als hundertjährige Fahrt des Hauses Opel, die außer Siegen auch Niederlagen einbringt, in einem Kuhstall starten, jenem Kuhstall in Rüsselsheim, den der Sohn eines Schlossermeisters 1862 in eine Werkstatt verwandelt. Es handelt sich nicht, wie Sie vielleicht meinen, um eine Motorwerkstatt. Nein, der fünfundzwanzigjährige Adam Opel baut eine Nähmaschinenfabrikation auf und hat gleich einen solchen Erfolg, daß er bereits 1868 vom Kuhstall in ein zweistöckiges Fabrikgebäude umziehen kann. Die nächsten zwölf Jahre bringen außer geschäftlichen auch privaten Zuwachs: Fünf Söhne, begei-

sterte Radfahrer, bewegen den Vater dazu, neben der Nähmaschinenproduktion auch Fahrräder herzustellen, und 1887 werden die ersten, später so beliebten und gefragten Opel-Fahrräder auf die Straße geschickt. Zunächst handelt es sich noch um Hochräder, aber schon bald folgen die sogenannten Sicherheits-Niederräder, die den Namen „Opel Blitz" und „Viktoria" tragen und Firmengeschichte machen.

Nach dem Tod des Firmengründers 1895 übernehmen die Söhne nebst Mutter die Geschäftsführung, und es dauert zwei Jahre, bis das Sextett ein neues Produkt ausmacht: das Automobil!

Gemeinsam mit dem Automobiltüftler Ferdinand Lutzmann aus Dessau, der seinen „Großherzoglich-Anhaltischen Hofbaubetrieb" in die Opelstadt verlegt, beginnt 1898 die Produktion des „Opel-Patent-Motorwagens", System Lutzmann. Weil der Verkauf der Wagen nicht so recht läuft, sucht Opel 1902 Anschluß an die französische Autofirma Darracq, hält es aber vier Jahre später für richtig, den Motorwagenbau noch einmal alleine zu versuchen und landet 1909 mit dem Vierzylinder-„Doktorwagen" den ersten großen Verkaufserfolg. 1912 werden bereits 3.000 Autos gebaut, und mit „Puppchen" wird Opel 1913 Nummer eins in Deutschland, was die Verkaufszahlen betrifft.

Im Ersten Weltkrieg baut Opel Lastwagen und Militärfahrzeuge, und der zweite große Coup gelingt den Rüsselsheimern 1924 mit dem „Laubfrosch", so genannt wegen der grünen Lackierung und des kessen Aussehens. Dieses Vierzylinder-Wägelchen mit 12 PS kommt als erstes deutsches Auto vom Fließband. Der Serienbau beginnt, die Produktionszahlen steigen. Allein 1928 werden rund 43.000 Autos gebaut, und nur die Weltwirtschaftkrise kann Opels weiteren Aufstieg stoppen. Mit dem Anschluß an den amerikanischen Konzern General Motors gelingt es Opel, die Weltwirtschaftskrise zu überdauern. Der Preis: Die Adam Opel AG gehört ab 1931 mit 100% den Amerikanern. Der Verlust der Eigenständigkeit ist für die Rüsselsheimer nicht unbedingt von Nachteil, denn unter der GM-Regie floriert der Verkauf der inzwischen entwickelten kompakten Wagen für das Durchschnitts-Portemonnaie trotz schlechter Zeiten so gut, daß Opel zur größten europäischen Autofabrik anwächst. Der „Olympia", 1935 schon in Großserie mit selbsttragender Ganzstahlkarosserie gebaut, der „Kadett", ein anspruchsloser, zuverlässiger Kleinwagen, und schließlich der „P 4", mit 1.450 Reichsmark 1938 ein wahrer Preisknüller, verhelfen dem Konzern noch vor dem Zweiten Weltkrieg zur ersten Produktions-Million. Der „Kapitän", ein repräsentativer Sechszylinder, kommt 1938 mit Schrägdach und viel Chrom, und der imposante „Admiral", eine Luxuslimousine für hohe Ansprüche, beschließt das Opel-Pkw-Programm für die Dauer des Zweiten Weltkrieges.

Trotz aller Startschwierigkeiten ist Opel nach dem Krieg mit Hilfe der amerikanischen Finanzkraft gleich wieder dabei. Schon Ende 1946 verlassen die ersten „Olympia" die Montagehallen. Richtig in Schwung kommt die Opelproduktion mit Beginn der Wirtschaftswunderzeit. 1953 wird der neue „Olympia Rekord" auf der IAA in Frankfurt vorgeführt und erregt großes Interesse: der „Rekord" startet zu einem wahren Siegeszug in der Mittelklasse. 1954 erhält der „Kapitän" sein Nachkriegsgewand, am 9. November 1955 wird der zweimillionste Opel gefeiert, 1962 das Werk Bochum eingeweiht, der viermillionste Wagen rollt vom Band, und 1966 wird das Werk Kaiserslautern in Betrieb genommen. Heute, 120 Jahre nach der ersten Nähmaschine, beschäftigen die Nachfolger von Adam Opel 60.000 Menschen. Mit über 20 Millionen Autos gehört Opel, der Zuverlässige, wieder zu den meistgekauften Wagen Europas.

Opel Olympia Cabriolet-Limousine 1951 bis 1952

Opel Olympia 1946 bis 1952

Motor:	Vierzylinder in Reihe, wassergekühlt, Hubraum 1488 ccm, Bohrung x Hub 80 x 74 mm, 37 PS bei 3500 U/min. (ab 1951 39 PS bei 3700 U/min.), Verdichtung 6,15:1, hängende Ventile, 1 Fallstromvergaser, Druckumlaufschmierung, 3,25 l Öl
Getriebe:	Einscheibentrockenkupplung, 4 Gänge (ab 1950 drei Gänge und Lenkradschaltung), Hinterradantrieb
Fahrwerk:	Selbsttragende Ganzstahlkarosserie, Doppelquerlenker vorn, Starrachse hinten, hydraulische Trommelbremse
Elektrik:	Batterie 6 V, Lichtmaschine 130 W
Maße:	40240 x 1500 x 1580 mm (ab 1950 4050 x 1564 x 1580 mm), Kombi 4040 x 1564 x 1620 mm, Radstand 2395 mm, Spur 1191 / 1250 mm (ab 1951 1203 / 1262 mm), Gewicht 910 kg (ab 1951 920 kg), Kombi 1040 kg, Reifen 5,00-16 (ab 1951 5,60-15), Kombi hinten 5,50-16, Wendekreis 11 m
Meßwerte:	Spitze 112 km/h, Beschleunigung von 0 auf 100 in 43 Sek., Verbrauch 9,9 l (ab 1951 8,2 l)
Stückzahl:	von 1946 bis März 1953 151.403
Preise:	Limousine 6.600 DM, Cabriolet 6.800 DM und Kombi 7.350 DM (1952)

Von den bevorstehenden Olympischen Spielen inspiriert, haben es die Opel-Werke 1935 leicht, einen Namen für ihre neue Großserienproduktion zu finden: „Olympia". Ihr verkaufsstarker 1,3-Liter-Wagen (später 1,5 Liter) wird ohne wesentliche Veränderungen auch nach dem Krieg wieder gebaut. Die 1935 noch umstrittene selbsttragende Ganzstahlkarosserie hat sich bewährt. Der Olympia ist ein recht komfortabler, gut verarbeiteter viersitziger Mittelklassewagen. Mit neuem Gesicht, geraderen Kotflügeln und übersichtlicheren Armaturen verjüngt er sich, 1950 und 1951 wird die Karosserie nochmals durch ein glattes Heck und eine vergrößerte Heckscheibe verfeinert, das Reserverad verschwindet im Kofferraum. Es gibt eine Cabriolet-Ausführung und einen Kombi sowie viele Spezialaufbauten. Im März 1953 hat der Olympia ausgedient, was die Produktion betrifft. Ausgestorben ist er nicht: Dafür sorgen seine Liebhaber, die meist in Clubs oder Interessengemeinschaften organisiert sind.

Opel Olympia 1947 bis 1949

Opel Olympia Cabrio-Limousine 1951-1952

Opel Olympia 1953 bis 1954

Opel
Olympia Rekord
1953 bis 1960

Motor:	Vierzylinder in Reihe, wassergekühlt, Hubraum 1488 ccm, Bohrung x Hub 80 x 74 mm, 40 PS bei 3800 U/min. (ab 1956 45 PS bei 3900 U/min., ab 1959 50 PS bei 4000 U/min.), Verdichtung 6,3:1 (ab 1955 6,5:1, ab 1956 6,9:1, ab 1959 7,25:1), hängende Ventile, 1 Fallstromvergaser, Druckumlaufschmierung, 3,25 l Öl
Getriebe:	Einscheibentrockenkupplung, 3 Gänge, ab 1957 synchronisiert, Hinterradantrieb, Lenkradschaltung
Fahrwerk:	Selbsttragende Ganzstahlkarosserie, vorn Doppelquerlenker, hinten Starrachse, hydraulische Trommelbremse
Elektrik:	Batterie 6 V, Lichtmaschine 130 W (ab 1956 160 W, ab 1959 200 W)
Maße:	4240 x 1625 x 1550 mm (ab 1956 4210 x 1625 x 1550 mm, ab 1957 4245 x 1525 x 1530 mm, ab 1958 4433 x 1616 x 1490 mm), Caravan 4260 x 1625 x 1550 mm (ab 1958 4433 x 1616 x 1580 mm), Radstand 2487 mm (ab 1958 2541 mm), Spur 1200 / 1268 mm (ab 1958 1260 / 1270 mm), Caravan 1205 / 1268 mm (ab 1958 1271 / 1274 mm), Gewicht 920 kg (ab 1957 930 kg, ab 1958 910 kg), Viertüren-Limousine (ab 1959) 950 kg, Caravan 1000 kg, Reifen 5,60-13 (ab 1959 5,90-13), Caravan 6,40 -13, Wendekreis 11 m (ab 1958 11,5 m)
Meßwerte:	Spitze 120 km/h (ab 1958 128 km/h), Caravan 118 km/h (ab 1958 125 km/h), Beschleunigung von 0 auf 100 in 35 Sek. (ab 1957 in 26 Sek., ab 1958 in 24 Sek.), Caravan von 0 auf 100 in 40 Sek. (ab 1957 in 30 Sek., ab 1958 in 27 Sek.), Verbrauch 8,2 l (ab 1956 7,8 l, ab 1958 8,6 l)
Stückzahl:	von 1953 bis 1960 1.468.292
Preise:	Limousine 1953 6.250 DM, 1956 5.900 DM, 1960 6.385 DM, viertürige Limousine 1960 6.875 DM, Caravan und Cabriolet jeweils etwa 300 DM mehr, Cabriolet Sonderkarosserie Autenrieth ca. 11.000 DM

Auf der Frankfurter Automobil-Ausstellung im Frühjahr 1953 sorgt der Olympia Rekord mit seiner ganz neuen Karosserie für Andrang am Opel-Stand. Technisch ohne revolutionäre Neuerungen, aber mit vielen Verbesserungen im Detail, soll der sehr wirtschaftliche Wagen dem Konkurrenzmodell Ford Taunus 12 M, schon seit Anfang 1952 erfolgreich auf dem Markt, endlich die Zähne zeigen. Und obwohl nur mit „Unterkiefer" ausgerüstet, beißt er sich auf dem Automarkt so gut durch, daß die Zusatzbezeichnung „Rekord" schon nach kurzer Zeit als durchaus berechtigt erscheint. Optisch weiter verfeinert wird der neue Mittelklasse-Opel 1955 und 1956 durch ein erweitertes Heckfenster, die „Haifischzähne" werden durch ein Kühlergitter ersetzt, was aber schon 1957 wiederum verändert wird. 1955 gibt es neben dem Olympia Rekord noch das einfacher ausgestattete Modell „Olympia", das etwa 600 DM weniger kostet. Nach amerikanischem Vorbild wird die Karosserie 1958 wieder erheblich verändert. Weit nach innen stehende „Panoramascheiben" vorn und hinten, konsequente Pontonform, bei der die Kotflügel nicht mehr vorstehen, niedriger, länger und geräumiger präsentiert sich der Opel Olympia Rekord in der Endphase der fünfziger Jahre für seine meist gutsituierten Käufer als Traumwagen.

Cabriolets kommen 1954 auf den Markt und werden bis 1956 gebaut. 1959 gibt die Firma Autenrieth eine stilistisch aufwendigere Sonderkarosserie als Cabriolet und Coupé für Leute mit großem Geldbeutel heraus. Die Kombi-Ausführung, bei Opel jetzt „Caravan" genannt – was übrigens nichts mit der Kamelkarawane zu tun hat, sondern vom englischen „car a van" kommt, was etwa „Auto als Lieferwagen" heißt –, wird jeweils zeitgleich mit der Limousine angeboten und ist ein bei Handwerkern und Geschäftsleuten geschätztes Fahrzeug.
1959 kommt der Olympia Rekord 1700 mit 55 PS auf den Markt, der sich vom 1,5-Liter-Rekord aber eben nur in Hubraum und Leistung unterscheidet und 75 DM mehr kostet.
Der Olympia Rekord ist in der deutschen Wirtschaftswunderzeit das erfolgreichste Auto seiner Klasse.

Opel Olympia Rekord 1955

Opel Olympia Rekord 1957

Opel Olympia Rekord 1958-1960

Kein neues Auto, nur ein Rekord mit schwächerem Motor, ist der Opel 1200, der von 1959 bis 1962 gebaut wird

Opel Kapitän 1948 bis 1960

Motor:	Sechszylinder in Reihe, wassergekühlt, Hubraum 2473 ccm (ab 1959 2605 ccm), Bohrung x Hub 80 x 82 mm (ab 1959 85 x 76,5 mm), 55 PS bei 3500 U/min. (ab 1954 68 PS bei 3700 U/min., ab 1955 75 PS bei 3900 U/min., ab 1958 80 PS bei 4100 U/min., ab 1959 90 PS bei 4100 U/min.), Verdichtung 6,0:1 (ab 1954 7,0:1, ab 1958 7,5:1, ab 1959 7,8:1), hängende Ventile, 1 Fallstromvergaser, Druckumlaufschmierung, 4 l Öl
Getriebe:	Einscheibentrockenkupplung, 3 Gänge, ab 1956 synchronisiert, ab 1950 Lenkradschaltung, Hinterradantrieb
Fahrwerk:	Selbsttragende Ganzstahlkarosserie, vorn Doppelquerlenker, hinten Starrachse, hydraulische Trommelbremse
Elektrik:	Batterie 6 V, Lichtmaschine 130 W (ab 1955 160 W, ab 1959 200 W)
Maße:	4620 x 1660 x 1640 mm (ab 1954 4710 x 1760 x 1600 mm, ab 1955 4735 x 1760 x 1560 mm, ab 1958 4764 x 1785 x 1500 mm, ab 1959 4831 x 1812 x 1512 mm), Radstand 2695 mm (ab 1954 2750 mm, ab 1958 2800 mm), Spur 1348 / 1326 mm (ab 1954 1341 / 1372 mm, ab 1955 1372 / 1372 mm, ab 1959 1378 / 1374 mm), Gewicht 1230 kg (ab 1954 1250 kg, ab 1955 1300 kg, ab 1959 1340 kg), Reifen 5,50-16 (ab 1951 6,40-15, ab 1954 6,40-13, ab 1958 6,70-13), Wendekreis 11 m (ab 1954 11,5 m, ab 1958 11,8 m)
Meßwerte:	Spitze 126 km/h (ab 1954 138 km/h, ab 1955 140 km/h, ab 1958 144 km/h, ab 1959 150 km/h), Beschleunigung von 0 auf 100 in 29 Sek. (ab 1954 in 23 Sek., ab 1955 in 20 Sek., ab 1959 in 16 Sek.), Verbrauch 13,4 l (ab 1954 10,1 l, ab 1955 9,8 l, ab 1958 11,9 l, ab 1959 10,2 l)
Stückzahl:	von 1948 bis 1960 330.367
Preise:	1948 9.950 DM 1952 8.950 DM, 1960 9.975 DM, für den „Kapitän L" 1960 10.675 DM

Erstmals 1939 erscheint der „Kapitän" auf unseren Straßen und imponiert seinem Publikum mit der wuchtigen Front und dem modernen Schrägheck. Nach dem Krieg wird der Sechszylinder-Opel ab 1948 gebaut, erhält 1951 eine leicht modernisierte Karosserie, die dem Chevrolet angeglichen ist, und wird 1954 mit einer völlig neuen Konzeption vorgestellt. „Bildschön" wird diese von der Werbung gelobt, was aber wohl nicht der Überzeugung ihrer Schneider entspricht, denn diese verändern die Karosserie schon ein Jahr später. Veränderungen, besonders am Kühlergrill, sind nun fast jährlich fällig, und 1958 kommen die Panoramascheiben vorn und hinten. 1959 wird die fünfsitzige Limousine größer, die Karosserie erhält einen Plattformrahmen, eine Scheibenwaschanlage sorgt für freie Sicht und eine elektrische Uhr für genaue Zeit. Der Opel Kapitän gilt als preisgünstigster und wirtschaftlichster Großwagen Deutschlands. Er ist bekannt für die hohe Lebensdauer seines zwar nicht sportlichen, dafür aber äußerst ruhigen Motors und darf sich zur internationalen Spitzenklasse zählen.

Opel Kapitän von 1956 bis 1958 (oben) und von 1958 bis 1959 (unten)

Opel Kapitän 1958-1959

Opel Kapitän 1954 bis 1955

Opel Kapitän 1956 bis 1958

Opel Kapitän 1959 bis 1963 als „Hochzeitskutsche"

Porsche

Die Marke Porsche gibt es eigentlich erst seit Juni 1948, als der Sohn von Ferdinand Porsche eine sportliche Version des Volkswagens vorstellt: den Porsche 356. Angefangen aber hat die Geschichte des Hauses Porsche am 25. April 1931, dem Tag, als sich Ferdinand Porsche, der sich zuvor als Chefkonstrukteur der Firmen Austro-Daimler, Daimler-Benz und Steyr einen Namen gemacht hat, mit einem eigenen Konstruktionsbüro in Stuttgart ins Handelsregister eintragen läßt. Nach Aufträgen von Zündapp und NSU, für die Porsche Prototypen eines Kleinwagens entwikkelt, erhält der geniale Konstrukteur von der deutschen Regierung den Auftrag, den „Volkswagen" zu entwickeln und ein entsprechendes Werk zu planen. 1939 wird der Volkswagen auf der Automobil-Ausstellung in Berlin vorgestellt, und 1940 wird Porsche von der TH Stuttgart zum Honorarprofessor ernannt. Im Krieg ist der Professor an der Konstruktion von verschiedenen wehrtechnischen Projekten beteiligt, und 1944 wird das Konstruktionsbüro nach Kärnten verlegt. 1946 wird Porsche von den Franzosen verhaftet und nach zwei Jahren gegen Zahlung einer hohen Kaution freigelassen. 1951 stirbt der Vater des Volkswagens und der Vater des Sohnes, der den Namen Porsche zu einem Synonym für rasante Renn- und Sportwagen macht.

Ferry Porsche geht 1946 im Büro seines Vaters mit Chefkonstrukteur Karl Rabe an die Verwirklichung seines Traumes, die Entwicklung eines Sportwagens. 1948 ist die 356. Porsche-Konstruktion baureif: der Porsche 356, ein zweisitziger Roadster mit Aluminium-Karosserie auf der Basis des VW-Käfers. Zunächst werden je 23 Alu-Cabriolets und -Coupés gebaut, und 1951 beginnt mit der Umlegung des Betriebes nach Zuffenhausen die Serienfertigung mit Stahlkarosserie. Bis zur Produktionseinstellung des 356 im Jahr 1956 werden mehr als 76.000 Wagen dieser heute noch so bewunderten Serie gebaut.

In der internationalen Sportwagenszene gilt Porsche, dessen Kreationen „Carrera" und „Targa" zum Wortschatz junger und jüngster Autofans in aller Welt gehören, als eine der berühmtesten und seriösesten Marken.

Porsche 356 B Coupé 1959 bis 1961

Porsche 356
1959-1963

Porsche 356
1950 bis 1955

Motor:	Vierzylinder Boxer im Heck, Leichtmetallblock, luftgekühlt, Hubraum 1086 bis 1488 ccm, Bohrung x Hub 73,5 x 64 mm bis 80 x 74 mm, 40 PS bei 4000 U/min. bis 70 PS bei 5000 U/min., Verdichtung 7:1 bis 8,2:1, Ventile V-förmig hängend, 2 Fallstromvergaser, Druckumlaufschmierung, 3,5 l Öl
Getriebe:	Einscheibentrockenkupplung, 4 Gänge, ab 1952 synchronisiert, Schaltstock in Wagenmitte, Hinterradantrieb
Fahrwerk:	Stahlblech-Kastenrahmen, Ganzstahlkarosserie, Kurbellenker oben und unten vorn, Pendelachse hinten, hydraulische Trommelbremse
Elektrik:	Batterie 6 V, Lichtmaschine 130 W, ab 1954 160 W
Maße:	3870 x 1660 x 1300 mm, ab 1954 3950 x 1660 x 1300 mm, Radstand 2100 mm, Spur 1290 / 1250 mm, Gewicht 780 kg bis 840 kg, Reifen 5,00-16, Wendekreis 10,5 m
Meßwerte:	Spitze 140 bis 175 km/h, Beschleunigung von 0 auf 100 in 24 bis 14 Sek., Verbrauch 9 bis 11 l Super
Stückzahl:	1950 bis 1955 7.627
Preise:	Die verschiedenen Ausführungen von 1950 bis 1955 von 10.200 DM bis 15.800 DM

Ferdinand Porsches erfolgreichste Konstruktion, der Volkswagen, bildet die Grundlage zur Entwicklung des Porsche, die in den ersten Nachkriegsjahren beginnt. Die 356. Konstruktion im Hause Porsche, mit einem Kastenprofil-Rahmen ausgestattet, trägt eine aerodynamisch günstige Aluminiumkarosserie; der luftgekühlte Vierzylinder-Boxermotor weist nur 1086 anstatt 1132 ccm auf und ist 40 PS stark. Der Porsche hat eine höhere Vedichtung und V-förmig angeordnete Ventile. Von vornherein ist an ein Cabriolet und die entsprechende Coupé-Version gedacht, und bei der offiziellen Vorstellung im März 1949 auf dem Genfer Automobilsalon findet der Porsche 356 starkes Interesse. Innerhalb eines Jahres werden in der kleinen Reutter-Karosseriefabrik 500 Wagen fertiggestellt, die reißenden Absatz finden und jetzt mit Ganzstahlkarosserie eingekleidet sind. Im April 1951 kommen zum 1100er der 1300er und im Herbst noch der 1500er Porsche auf den Markt, der aber erst ab Oktober 1952 in größerer Stückzahl gefertigt wird. Ab Oktober 1952 tragen die Stoßstangen der Porsche Hörner, ein Zweispeichenlenkrad und das synchronisierte Getriebe werden eingeführt. 1952 erscheinen auch die legendären 15 „America-Roadstar", jene 200 kg leichteren Porsche, die später als „Speedster" weitergebaut werden. Bei einer Geschwindigkeit von 170 km/h gilt der 1,5-Liter-Porsche als einer der rasantesten und gleichzeitig preisgünstigsten Sportwagen.

Porsche 356 Speedster 1954-1958

Porsche 356 A 1955 bis 1959

Motor:	Vierzylinder Boxer im Heck, Leichtmetallblock, luftgekühlt, Hubraum 1290 bis 1588 ccm, Bohrung x Hub 74,5 x 74 mm bis 92 x 74 mm, 44 PS bei 4200 U/min. bis 115 PS bei 6500 U/min., Verdichtung 6,5:1 bis 9,8:1, Ventile V-förmig hängend, 2 Fallstromvergaser, Druckumlaufschmierung, 4,5 l Öl, ab 1498 ccm mit Trockensumpfschmierung, 8 l Öl
Getriebe:	Einscheibentrockenkupplung, 4 Gänge synchronisiert, Schaltstock in Wagenmitte, Hinterradantrieb
Fahrwerk:	Stahlblech-Kastenrahmen, Ganzstahlkarosserie, Kurbellenker oben und unten vorn, Pendelachse hinten, hydraulische Trommelbremse
Elektrik:	Batterie 6 V, Lichtmaschine 160 W
Maße:	3950 x 1670 x 1310 mm, Radstand 2100 mm, Spur 1306 / 1272 mm, Gewicht 860 bis 950 kg, Reifen 5,60 oder 5,90-15 Sport, ab 1498 ccm 5,90-15 Supersport, Wendekreis 10,5 m
Meßwerte:	Spitze 145 bis 200 km/h, Beschleunigung von 0 auf 100 in 22 bis 11 Sek., Verbrauch 10 bis 13 l Super
Stückzahl:	1955 bis 1959 21.045
Preise:	die verschiedenen Ausführungen von 11.400 DM bis 15.750 DM, Carrera von 17.700 DM bis 20.490 DM

Ende 1955 erfolgt eine Neustrukturierung der Modellreihen. Der 1100er wird aus dem Programm genommen, dafür die Reihe um eine 1600er Version ergänzt. Die Zusatzbezeichnung „A" wird eingeführt und ist für alle Porsche 356 gültig. Bei den 1300er und 1600er Modellen kann man zwischen der Normalausführung „Dame" und der stärkeren Version „Super" wählen. Der 1500er hört auf einen besonders schönen Namen: „Carrera", so genannt wegen der erfolgreichen Teilnahme Porsches an der Carrera-Panamericana, ist mit dem beim Rennsport erprobten Viernockenwellen-Motor ausgerüstet und erreicht mit seinen 100 PS die für die fünfziger Jahre enorme Spitzengeschwindigkeit von 200 km/h. Der Carrera, der Name wird übrigens beibehalten und künftig jeweils den Porsche-Spitzenmodellen vorbehalten, ist nur für Leute mit etwas größerem Geldbeutel erschwinglich: 5.000 DM muß man mehr ausgeben, als für den Normalverdiener-Porsche.

Der Porsche 356 A hat außer Bezeichnungen aber auch viele Neuerungen zu bieten: die Windschutzscheibe ist gleichmäßig gewölbt, seitliche Zierleisten unter den Türen, ein neues Armaturenbrett mit gepolsterter Abdeckung, eine Lichthupe und eine weichere Federung.

Porsche 356 B
1959 bis 1963

Motor:	Vierzylinder Boxer im Heck, Leichtmetallblock, luftgekühlt, Hubraum 1582 bis 1966 ccm, Bohrung x Hub 82,5 x 74 mm bis 92 x 74 mm, 60 PS bei 4500 U/min. bis 130 PS bei 6200 U/min., Verdichtung 7,5:1 bis 9,5:1, Ventile V-förmig hängend, 2 Doppelfallstromvergaser, Druckumlaufschmierung, 4,5 l Öl
Getriebe:	Einscheibentrockenkupplung, 4 Gänge synchronisiert, Schaltstock in Wagenmitte, Hinterradantrieb
Fahrwerk:	Stahlblech-Kastenrahmen, Ganzstahlkarosserie, Kurbellenker oben und unten vorn, Pendelachse hinten, hydraulische Trommelbremse
Elektrik:	Batterie 6 V, ab 1588 ccm 12 V, Lichtmaschine 200 W
Maße:	4010 x 1670 x 1330 mm, Radstand 2100 mm, Spur 1306 / 1272 mm, Gewicht 875 bis 1360 kg, Reifen 5,60-15 Sport oder 165 R 15, Wendekreis 10,5 m
Meßwerte:	Spitze 160 bis 200 km/h, Beschleunigung von 0 auf 100 in 16 bis 9 Sek., Verbrauch 10 bis 14 l Super
Stückzahl:	etwa 370
Preise:	23.700 DM bis 25.750 DM

Auf der Frankfurter Automobil-Ausstellung 1959 werden die weiter verbesserten und überarbeiteten Porsche von 1960 präsentiert. Aus dem „A" ist nun der „B" geworden, der sich eine etwas stärker veränderte Karosserie erlaubt. Die Stoßstangen und Lampen sind höher angebracht, was sich für die Aerodynamik nicht unbedingt als positiv erweist. An der Front sind zusätzliche Lufteintritte zu sehen, der Haubengriff ist verbreitert. Nummernschildleuchten sind in die Stoßstange integriert, und die Radkappen sind verändert. Neben der 1600er Dame gibt es den 1600er Super 75 mit erhöhter PS-Leistung. 1960 gesellt sich der 1600 Super 90 dazu, und im gleichen Jahr erscheinen zwei verstärkte Carreras, der 1600 GS Carrera GT und der 2000 GS Carrera 2, der mit seinen 130 PS erstmals bei Porsche in der Beschleunigung von 0 auf 100 die 10 Sekunden unterschreitet.

Porsche 356 B Coupé 1959 bis 1961

Spatz, Victoria

Spatz, Victoria
1955 bis 1958

Motor:	Zweitakt-Einzylinder, luftgekühlt, Hubraum 191 ccm (248 ccm), 10,2 PS bei 5250 U/min. (14 PS bei 5200 U/min.), Verdichtung 6,6:1 (7,5:1)
Getriebe:	Vierscheiben-Lamellenkupplung (Einscheiben-Trockenkupplung), 4 Gänge (5 Gänge), Hinterradantrieb
Fahrwerk:	Zentralrohrrahmen mit Kunststoffkarosserie, Einzelradaufhängung vorn, Pendelachse hinten, hydraulische Trommelbremsen
Elektrik:	Batterie 12 V, Lichtmaschine 90 W
Maße:	3300 x 1400 x 1240 mm (3360 x 1450 x 1240 mm), Radstand 1950 mm, Spur 1160 / 1200 mm, Gewicht 290 kg (425 kg), Wendekreis 9,5 m
Meßwerte:	Spitze 75 km/h (97 km/h), Verbrauch 5,3 l Gemisch
Stückzahlen:	859 (729)
Preis:	2.975 DM
	Die Angaben in Klammern () betreffen den Typ Victoria

Der Spatz, meistens in Rot gebaut, hat eine Kunststoffkarosserie, Einzelradaufhängung, Mittelmotor und ein Faltverdeck. Heute ist der Spatz bei Liebhabern ein begehrter Wagen, während seiner Bauzeit findet er dagegen nur wenig Verehrer. Er ist zu teuer, die Karosserie ist möglicherweise feuergefährlich, und so können nur 1.500 Stück dieses so charmant aussehenden Vogels abgesetzt werden.

Spatz und Victoria 1955 bis 1958

Volkswagen

Drei unschlagbare Trümpfe hat Ferdinand Porsche in der Hand, als er am 17. Januar 1934 zum erfolgreichsten Spiel seines Lebens aufspielt: 1. seine Genialität als Konstrukteur, 2. sein Gespür für den Anspruch des „Volkes" und 3. seine Verbindung zur neuen Reichsregierung. Die erste Karte, die Porsche auf den Tisch des Reichsverkehrsministeriums legt, ist sein „Exposé, betreffend den Bau eines deutschen Volkswagens". Davon müssen die Herren der Regierung und des Reichsverbandes der Automobilindustrie (RDA) beeindruckt gewesen sein. Sie schieben ihrem Mitspieler gleich 20.000 Reichsmark (heute etwa 120.000 DM) über den Tisch. Monatlich, versteht sich, als Honorar für die Fertigstellung eines Prototyps des Volkswagens innerhalb von 10 Monaten.

Dr.-Ing. h. c. Ferdinand Porsche

Obwohl am 8. März 1934 die Volkswagenidee bei der Eröffnung der Automobil-Ausstellung in Berlin bekanntgegeben wird, interessiert sich das Volk zunächst nicht für die Arbeiten im Konstruktionsbüro des Dr.-Ing. h. c. Ferdinand Porsche. Wer kann damals auch schon ahnen, daß die Spieler in der Stuttgarter Kronenstraße gerade dabei sind, einen unglaublich „dicken Stich" zu machen: das erfolgreichste Automobil aller Zeiten! Aber das Spiel verzögert sich. Unter dem Druck, den Verkaufspreis des Volkswagens unter 1000 Reichsmark zu halten, wird nach immer günstigeren konstruktiven Lösungen gesucht. Anfang 1935 sieht man ein, daß weder der Termin, Mitte 1935, noch der geplante Preis einzuhalten sind. Porsche und RDA einigen sich auf eine Verlängerung ihres Vertrages um zwölf Monate, und am 10. Oktober 1936 ist es soweit. Drei Prototypen starten zur großen Erprobungsfahrt über je 50.000 km. Im Abschlußbericht des RDA heißt es hierzu u. a.: „Die Bauart hat sich bisher als zweckmäßig erwiesen. Die Versuchswagen haben sich im allgemeinen bewährt. Die Fahrleistungen und Fahreigenschaften des Wagens sind gut. Das Fahrzeug hat demnach Eigenschaften gezeigt, die eine Weiterentwicklung empfehlenswert erscheinen lassen."

Jetzt geht's Schlag auf Schlag oder, um noch einmal die Skatsprache zu bemühen, Stich um Stich, und wie es sich beim ordentlichen Skatspiel gehört, spielt man jetzt zu dritt: Daimler-Benz, Reutter & Co. und Porsche GmbH bauen 1937 gemeinsam eine weitere Vorserie, genannt VW 30, weil 30 Stück. Insgesamt 2,4 Millionen Kilometer werden die Versuchswagen über die Straßen des Schwarzwaldes gejagt. Ergebnis: keine größeren Beanstandungen! Im selben Jahr noch gibt die Reichsregierung den Auftrag zum Bau des Volkswagens, des Volkswagenwerkes und einer Volkswagenstadt. Im September 1938 wird die „Volkswagenwerk GmbH" gegründet, die aus Mitteln der Deutschen Reichsfront 50 Millionen Reichsmark Stammkapital und ihren Sitz in Berlin erhält. Bis Ende dieses Jahres sind 1,7 Millionen an Investitionen verschlungen.

Anfang 1938 wird der Volkswagen mit endgültiger Form und großer Propaganda seinem Volk präsentiert, kostet in der Tat nur 990 Reichsmark und kann über die Organisation „Kraft durch Freude" (KdF) in Wochenraten zu 5 Reichsmark angespart werden. Durch diese Organisation kommt der Volkswagen auch gleich zu einem Namen: „KdF-Wagen" hält sich bis Kriegsende. Aber dort sind wir noch nicht. 1938 übernimmt Dr. Porsche die Gesamtplanung des Volkswagenwerkes und wird verantwortlicher Leiter. Im Mai ist Grundsteinlegung des neuen Werkes in der Nähe von Fallersleben, wo 30.000 Menschen jährlich 1.000.000 Autos bauen sollen, und im Juli werden mehrere Gemeinden zur Gründung der „Stadt des KdF-Wagens" zusammengelegt. Schon im April 1939 sind die Werkshallen so weit fertig, daß mit der Maschineneinrichtung – größtenteils aus den USA – begonnen wird.

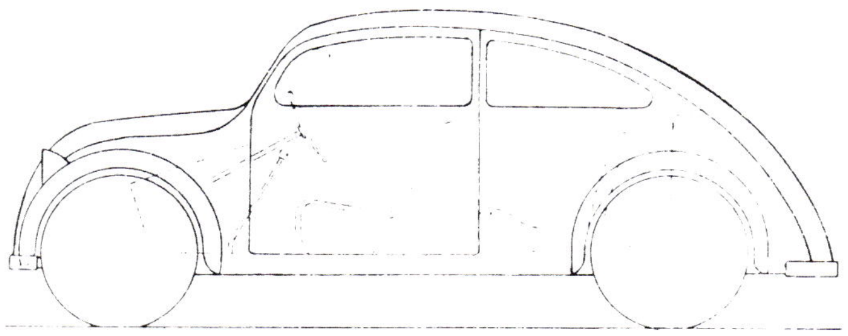

Zeichnung aus dem Anhang zum „Exposé, betreffend den Bau eines deutschen Volkswagens" von Dr. Ferdinand Porsche

Weil nun der Krieg beginnt, in dem das Volkswagenwerk die verschiedensten Rüstungsaufgaben übernehmen muß und außer den legendären Kübel- und Schwimmwagen nichts für den Automobilbau Interessantes produziert, bitte ich Sie gleich in das Jahr 1945. „WOLFSBURG MOTOR WORKS", von der britischen Militärregierung so genannt, weil die von ihr eingesetzte Stadtverordnetenversammlung am 25. Mai 1945 beschließt, der VW-Stadt den Namen Wolfsburg zu geben, ist zu zwei Drittel zerstört. Kriegsschaden: 156 Millionen Reichsmark. Das Werk hat etwa 9.000 Mitarbeiter, die Stadt 17.000 Einwohner, die größtenteils nur notdürftig untergebracht sind. 1946 und 1947 sind noch stark vom Wiederaufbau geprägt. Schlechtes Material, Kohlenmangel und die allgemeine Nachkriegsnot führen zu bescheidenen Produktionszahlen.

Am 1. Januar 1948 übernimmt ein Mann die Leitung des Volkswagenwerkes, der durch seine konsequente Geschäftsführung für den Welterfolg „Volkswagen" sorgt: Dipl.-Ing. Heinrich Nordhoff. Er treibt den Ausbau der Vertriebs- und Kundendienststellen im In- und Ausland voran, der Export nach Dänemark, Luxemburg, Schweden, Belgien und die Schweiz beginnt. 23 Prozent der Gesamtproduktion von 1948 werden exportiert, das sind immerhin schon 4464 Volkswagen. 1949 wird der Käfer erstmals nach den USA verschifft. Der Siegeszug in Amerika beginnt, und am 13. Mai 1949 läuft der 50.000. Volkswagen vom Band. 9.500 Werksangehörige produzieren in diesem Jahr 46.154 Fahrzeuge, und am 4. März 1950 gibt es erneut etwas zu feiern: den 100.000. Volkswagen. Zerlegte Fahrzeuge werden nach Brasilien und Irland zur Montage vor Ort geliefert. Mit dem Wiederaufbau der Halle 3 hat das VW-Werk die Produktionsfläche der Vorkriegszeit erreicht, nämlich 70.000 qm. Mit dem 500.000. Volkswagen vom Band hat das Wirtschaftswunderauto 1953 den ersten Höhepunkt in seiner grenzenlos scheinenden Karriere erreicht. Bedeutende Tochtergesellschaften werden in Kanada und Brasilien gegründet, und am 8. Dezember 1953 besichtigt der 250.000. Besucher nach dem Krieg das Werk in Wolfsburg.

Trotz allen Erfolges bleibt Heinrich Nordhoff mit beiden Beinen auf der Erde und unangefochten in seinem Direktorensessel, den er übrigens bis zu seinem Tod 1968 behält. Der ehemalige Opel-Direktor, der den Betrieb fest im Griff hat und seinen Mitarbeitern gegenüber Züge sozialen Engagements zeigt, wird 1955 mit dem Großen Verdienstkreuz mit Stern geehrt und Ehrenbürger von Wolfsburg. Äußerer Anlaß: der 1.000.000. Volkswagen! 6.000 neue Mitarbeiter werden allein 1955 eingestellt, der Umsatz steigt auf 1.444,3 Millionen DM. Es gibt inzwischen 970 Vertretungen in der Bundesrepublik und sage und schreibe 2.498 im Ausland. 1956 arbeiten im Inland rund 35.000 Menschen für VW, und Wolfsburg hat 49.000 Einwohner. Nachdem in Hannover in einem neu errichteten Werk bereits Transporter gebaut werden, erwirbt VW 1957 von Henschel ein Werksgelände in Kassel, wo 1958 die Arbeit des Werkes in der Aggregateaufbereitung beginnt. In Hannover läuft im selben Jahr die Motorenherstellung an. Dort werden bis heute alle luftgekühlten VW-Motoren für das Inland produziert. 1959 wird von Professor Nordhoff das neue Werk der Volkswagen do Brasil in São Paulo eröffnet, und im Werk Wolfsburg beginnt der Bau des Hochhauses mit 13 Stockwerken. 1960 wird das Grundkapital des Unterneh-

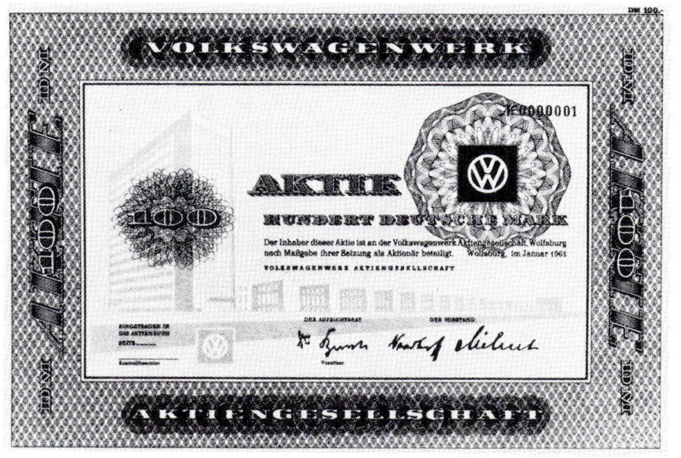

Volkswagenaktie 1960

mens auf 600 Millionen DM erhöht. 60 Prozent sollen als Volksaktien veräußert werden, die übrigen 40 Prozent bleiben beim Bund und Land Niedersachsen. Als am 16. Januar 1961 der Verkauf der Volkswagenaktien zum Ausgabekurs von 350 Prozent beginnt, werden die Papiere sofort zum Hit und erreichen einen Höchstkurs von etwa 1100 Prozent.

Das Volk hat nun Anteil am Erfolg seines Volkswagens, und es wird nicht enttäuscht. Bis heute hat VW seinen erfolgreichen, soliden Weg nie verlassen. Querelen um die Neugestaltung der Modelle Mitte bis Ende der sechziger Jahre und die daraus resultierenden Konsequenzen haben sich im nachhinein als durchaus gesund erwiesen. Fehlinvestitionen hielten sich in Grenzen. War der Käfer ein einzigartiges Auto ohne jede Konkurrenz, so können die heutigen Nachfolger dies natürlich nicht von sich behaupten; behauptet im Kampf um die Käufergunst aber haben sie sich allemal. Und eine der Anforderungen, die Ferdinand Porsche vor einem halben Jahrhundert an seinen Volkswagen stellte, können die meisten VW-Modelle der achtziger Jahre auch für sich in Anspruch nehmen: „Ein Volkswagen darf nicht mit komplizierten Einrichtungen versehen sein, die eine erhöhte Wartung erheischen, sondern vielmehr ein Fahrzeug mit möglichst narrensicheren Einrichtungen, die jede Wartung auf ein Mindestmaß herunterdrücken."

Volkswagenplakat 1954

VW Hebmüller Cabriolet
1948-1950

Volkswagen Standard 1945 bis 1953

Motor:	Vierzylinder Boxer, luftgekühlt, Hubraum 1131 ccm, Bohrung x Hub 75 x 64 mm, 25 PS bei 3300 U/min., Verdichtung 1:5,8, hängende Ventile, Druckumlaufschmierung, 2,5 l Öl
Getriebe:	Einscheibentrockenkupplung, 4 Gänge, Hinterradantrieb
Fahrwerk:	Zentralrohr-Plattformrahmen, Ganzstahlkarosserie, Kurbellenker vorn, Pendelachse mit Längslenkern hinten, Seilzug-Trommelbremse
Elektrik:	Batterie 6 V, Lichtmaschine 130 W
Maße:	4070 x 1540 x 1550 mm, Radstand 2400 mm, Spur 1290 / 1250 mm, Gewicht 720 kg, Reifen 4,50-16 / 5,60-15, Wendekreis 11,5 m
Meßwerte:	Spitze 105 km/h, Beschleunigung von 0 auf 100 in 50 Sek., Verbrauch 7,5 l
Preise:	zunächst 4.150 DM, dann 5.300 DM und 1953 wieder 4.150 DM

Der Standard hat eine sehr schlichte Ausstattung, keine Chromverzierungen, ein schwarzes Dreispeichenlenkrad, und die Vordersitze kann man nur mittels Flügelmuttern einrichten. Bis zum Erscheinen seines etwas komfortableren Bruders „Export" gilt der VW-Standard als das typische Nachkriegsauto. Sparsam, in jeder Beziehung, wird er auch von Post, Bahn und anderen Behörden vorzugsweise angeschafft. Im Winter, wenn sich seine Zeitgenossen längst im Neuschnee festgefahren haben, fährt er mühelos weiter: Der im Heck liegende Motor drückt auf die hinteren Antriebsräder. Der luftgekühlte Motor macht auch bei Frost keine Schwierigkeiten.

Volkswagen 1200 Standard 1954 bis 1964

Motor:	Vierzylinder Boxer, luftgekühlt, Hubraum 1192 ccm, Bohrung x Hub 77 x 64 mm, 30 PS bei 3400 U/min., Verdichtung 1:6,6, hängende Ventile, 1 Solex-Fallstromvergaser, Druckumlaufschmierung, 2,5 l Öl
Getriebe:	Einscheibentrockenkupplung, 4 Gänge, Hinterradantrieb
Fahrwerk:	Zentralrohr-Plattformrahmen, Ganzstahlkarosserie, Kurbellenker vorn, Pendelachse mit Längslenker hinten, mechanische Trommelbremse
Elektrik:	Batterie 6 V, Lichtmaschine 160 W
Maße:	4070 x 1540 x 1500 mm, Radstand 2400 mm, Spur 1290 / 1250 mm, Gewicht 720 kg, Reifen 5,60-15, Wendekreis 11,5 m
Meßwerte:	Spitze 112 km/h, Beschleunigung von 0 auf 100 in 38 Sek., Verbrauch 8 l
Preise:	1955 3.790 DM und 1960 3.810 DM

Die jetzt stärkere Standardausführung mit fast 1200 ccm wird beinahe unverändert bis 1964 gebaut. Inzwischen ist die steglose, etwas vergrößerte Heckscheibe eingeführt: Brezelkäfer ade! Die Heckscheibe mit Mittelsteg, in den fünfziger Jahren als altmodisch empfunden, erfreut sich heute wachsender Beliebtheit bei Oldtimer- bzw. Youngtimerfreunden. Brezelkäfer-Besitzer haben für Besitzer von steglosen Volkswagen nur ein bedauerliches Lächeln übrig.

Oben: Volkswagen, frühe Standard-Ausführung. Unten: „Das große Rennen": Volkswagen Cabriolet (Karmann) 1951 gegen Dürkopp-Motorrad

Volkswagen Export 1949 bis 1953

Motor:	Vierzylinder Boxer, luftgekühlt, Hubraum 1131 ccm, Bohrung x Hub 75 x 64 mm, 25 PS bei 3300 U/min., Verdichtung 1:5,8, hängende Ventile, Druckumlaufschmierung, 2,5 l Öl
Getriebe:	Einscheibentrockenkupplung, 4 Gänge, Hinterradantrieb
Fahrwerk:	Zentralrohr-Plattformrahmen, Ganzstahlkarosserie, Kurbellenker vorn, Pendelachse hinten, mechanische Trommelbremse
Elektrik:	Batterie 6 V, Lichtmaschine 130 W
Maße:	4070 x 1540 x 1550 mm, Radstand 2400 mm, Spur 1290 / 1250 mm, Gewicht 730 kg (Cabriolet 775 kg), Reifen 5,00-16 / 5,60-15, Wendekreis 11,5 m
Meßwerte:	Spitze 105 km/h, Beschleunigung von 0 auf 100 in 50 Sek., Verbrauch 7,5 l
Preise:	1949 5.450 DM und 1953 5.150 DM, das Cabriolet (Karosserie Karmann) kostet 7.500 DM und das Cabriolet (Sonderkarosserie Hebmüller) dasselbe

Gegenüber dem Standard hat der Export eine Reihe von Verbesserungen aufzuweisen: Zierleisten, Radkappen, Stoßstangen, Scheinwerferringe und Türgriffe sind verchromt, die Innenausstattung ist luxuriöser, er hat ein helles Zweispeichen-Lenkrad, bessere Schalldämpfung, und man kann die Vordersitze während der Fahrt verstellen. Für 250 DM Aufschlag bekommt man ein Faltschiebedach. 1951 gibt's Zierrahmen um die Windschutzscheibe und eine bessere Heizung. Die Stoßstangen sind stabiler und ab 1952 ohne Mittelrille. Im März 1953 entfällt auch beim Exportmodell der Mittelsteg im Rückfenster.

1949 kommt das noch heute so bewunderte und zu Liebhaberpreisen gehandelte Cabriolet auf den Markt und mausert sich zum meistgebauten Cabrio der Welt. Das ist nicht verwunderlich, denn Superlative sind bei VW nichts Besonderes. Von der Limousine unterscheidet sich das Cabriolet nur im Äußeren, im Gewicht und im Preis. Von 1949 bis zur Produktionseinstellung des Käfer-Cabrios 1979 werden im Osnabrücker Karmann-Werk 331.847 Cabrios gebaut.

Das Hebmüller-Cabriolet, eine Augenweide in Rot/Schwarz oder Beige/Schwarz wird vom VW-Werk 2000mal in Auftrag gegeben. Wegen eines Großbrandes kann die Wülfrather Karosseriefirma aber nur 696 Stück fertigen, die 1949 und 1950 an Liebhaber verkauft werden. Heute existieren nur noch wenige Exemplare, die unter Kennern als Rarität geschätzt sind.

Volkswagen 1200 Export 1954 bis 1965

Motor:	Vierzylinder Boxer, luftgekühlt, Hubraum 1192 ccm, Bohrung x Hub 77 x 64 mm, 30 PS bei 3400 U/min., Verdichtung 1:6,1, hängende Ventile, Druckumlaufschmierung, 2,5 l Öl
Getriebe:	Einscheibentrockenkupplung, 4 Gänge, Hinterradantrieb
Fahrwerk:	Zentralrohr-Plattformrahmen, Ganzstahlkarosserie, Kurbellenker vorn, Pendelachse hinten, hydraulische Trommelbremse
Elektrik:	Batterie 6 V, Lichtmaschine 160 W
Maße:	4070 x 1540 x 1550 mm, Radstand 2400 mm, Spur 1290 / 1250 mm, ab 1957 1305 / 1250 mm, Gewicht 740 kg, Reifen 5,60-15, Wendekreis 11,5 m
Meßwerte:	Spitze 112 km/h, Beschleunigung von 0 auf 100 in 38 Sek., Verbrauch 8 l
Preise:	1960 4.600 DM die Limousine und 5.990 DM das Cabriolet (Karosserie Karman)

Der neue Export bekommt einen Auspuff mit 2 Austrittsrohren. Der Schaltstock wird vorverlegt und gebogen, die Vordersitze sind breiter und die Lehnen dreifach verstellbar. Die neuen Rückleuchten sind höher angebracht. Schlauchlose Reifen kommen 1956, und 1957 werden Windschutzscheibe und Rückfenster erheblich vergrößert. Die hintere Haube wird neu geformt, die Kennzeichenleuchte verbreitert und die Armaturentafel modernisiert. 1958 wird der Außenspiegel vergrößert, und 1959 werden feste Türgriffe mit Drucktaste eingebaut. 1960 verschwinden die bis dahin eisern beibehaltenen Winker. Dazu wird VW durch eine Änderung in der Straßenverkehrsordnung gezwungen, die vorschreibt, daß Fahrzeuge von mehr als 4 m Länge mit Blinkern ausgerüstet sein müssen. Die Länge des Käfers: 4,07 m.

Viertüriges Polizei-Cabriolet 1949 VW Export 1949-1953

Volkswagen Cabriolet (Karmann) 1954

VW-Motor 1953

VW Export 1951-1952

VW Export 1953-1957

VW-Sonderkarosserie Rometsch (vier Türen) 1951

VW Cabriolet 1952

VW Export 1954-1960

Karmann-Ghia
1955 bis 1973

Motor:	Vierzylinder Boxer, luftgekühlt, Hubraum 1192 ccm, Bohrung x Hub 77 x 64 mm, 30 PS bei 3400 U/min., Verdichtung 1:6,6, hängende Ventile, Druckumlaufschmierung, 2,5 l Öl
Getriebe:	Einscheibentrockenkupplung, 4 Gänge, Hinterradantrieb
Fahrwerk:	Zentralrohr-Plattformrahmen, Ganzstahlkarosserie, Kurbellenker vorn, Pendelachse hinten, hydraulische Trommelbremse
Elektrik:	Batterie 6 V, Lichtmaschine 160 W
Maße:	4140 x 1634 x 1330 mm, Radstand 2400 mm, Spur 1290 / 1250 mm, Gewicht 820 kg, Reifen 5,60-15, Wendekreis 11,6 m
Meßwerte:	Spitze 118 km/h, Beschleunigung von 0 auf 100 in 33 Sek., Verbrauch 8 l
Preise:	Coupé 7.500 DM und Cabriolet 8.250 DM

„Mehr scheinen als sein" behaupten die Gegner dieses zu gleichen Teilen beliebten und unbeliebten Autos. Wie dem auch sei: obwohl die Leistung hinter dem Äußeren zurückbleibt – der Karmann-Ghia ist ein Schmuckstück! Die unkomplizierte, anspruchslose Mechanik, die hübsche Karosserie und der günstige Preis lassen bis 1960 aus 79.176 Verehrern, darunter viele Verehrerinnen, Käufer werden. Bis zur Einstellung der Produktion haben sich sogar 358.745 Kunden für das Coupé und 80.899 für das Cabriolet entschieden, das 1957 zur Automobil-Ausstellung herauskommt. Die Karosserie wird bei Karmann gebaut, für den Entwurf zeichnet die italienische Spezialkarosserie-Firma Ghia verantwortlich. Motor und Fahrgestell sind vom VW 1200 Export. Ab August 1959 vergrößern sich Scheinwerfer und „Nasenlöcher", und die hinteren Seitenfenster sind ausstellbar; Scheibenwaschanlage, Lichthupe, getrennte Lampen für Blink-, Brems- und Schlußleuchten: ab 1959 alles drin bzw. dran.

Karmann Ghia mit Hardtop

Karmann-Ghia Coupé 1959 bis 1965

Karmann Ghia Cabriolet und Coupé

Zündapp

Der Zündapp Janus ist mit seinem Heck- und Fronteinstieg, bei dem Fahrgäste auf der hinteren Sitzbank in Richtung Heck sitzen, ein besonders bemerkenswertes Mobil. Tank und Gepäckraum liegen zwischen den beiden Rücken an Rücken stehenden Sitzen. Die Fahreigenschaften gelten als gut, gelobt wird auch die Federung, aber insgesamt kann sich die eigenwillige Konzeption nicht durchsetzen. Im Oktober 1958 besinnt sich Zündapp wieder auf das Motorradgeschäft, das gerade im Aufwärtstrend liegt, und stellt die Produktion des Janus ein. Der Name Janus ist übrigens nach dem doppelgesichtigen Gott aus der römischen Mythologie gewählt.

Zündapp Janus 250
1957 bis 1958

Motor:	Zweitakt-Einzylinder, liegend, luftgekühlt, Hubraum 248 ccm, Verdichtung 6,7:1, 1 Bing-Vergaser 26 ∅, Gemisch-Schmierung 1:25
Getriebe:	Mehrscheiben-Ölbad–Kupplung, 4 Gänge, Hinterradantrieb
Fahrwerk:	Selbsttragende Ganzstahlkarosserie, geschobene Schwingen vorn, Pendelachse hinten, hydraulische Trommelbremse
Elektrik:	Batterie 12 V, Lichtmaschine 130 W
Maße:	2890 x 1470 x 1400 mm, Radstand 1825 mm, Spur 1150 / 1180 mm, Gewicht 440 kg, Reifen 4,40-12, Wendekreis 9,7 m
Meßwerte:	Spitze 80 km/h, Verbrauch 6 l
Stückzahl:	6.950
Preis:	3.470 DM

Besonderer Dank

für Unterstützung, Informationen und Beiträge gilt den Archiven der Automobilwerke, deren Fahrzeuge in diesem Buch vorgestellt werden, und dem Institut für Zeitungsforschung in Dortmund.

Abbildungen stellten zur Verfügung:

Pressebüro Wieslaw Jan Fusaro in Weilheim, Exclusive Oldtimer-Fotografien Reinhard Lintelmann in Espelkamp, Archiv Podszun-Motorbücher in Brilon, Adam Opel AG in Rüsselsheim, Volkswagenwerk AG in Wolfsburg, Ford-Werke AG in Köln, BMW AG in München, Eckart Bartels in Ronnenberg, BMW-V8-Club in Nordstemmen, Autopress in Neckarsulm, Borgward-Club in Bremen, BMW Veteranen-Club Deutschland eV in Kreuztal-Kredenbach, Presse- und Informationsamt der Bundesregierung in Bonn, BMW-Classic-Cars in Gutenswil (Schweiz), Uwe Lange in Hamburg, Harry Dahms in Rosengarten, Verlag Bärbel Michels in Schmallenberg und Uwe Maier in Stuttgart.
Daimler-Benz AG in Stuttgart, Lothar Lorenz in Varel, Fichtel & Sachs AG in Schweinfurt, Andreas Steck in Duisburg, Annemarie Podszun in Brilon, Ingo Haarmann in München, Erika Schneidewind in Essen, Hans-Jörg Wernert in Iserlohn, Wiltrud Geselbracht in Menden, Fritz Heitzig in Brilon.
Jörg-Thomas Födisch in Swisttal-Heimerzheim, Rudi Heppe in Brilon, Automuseum Ibbenbüren bei Osnabrück, Dürkopp-Werke in Bielefeld, Porsche AG in Stuttgart.

Literaturverzeichnis

Hubmann, Hanns: Die Adenauer-Zeit 1949 bis 1967, München 1983
Chronik des 20. Jahrhunderts, Dortmund 1983
Grube/Richter: Das Wirtschaftswunder, Hamburg 1983
Mayer, Hans W.: Die deutschen Cabriolets 1945 bis heute, Stuttgart 1984
Oswald, Werner: Deutsche Autos 1945 bis 1975, Stuttgart 1983
Gloor, Roger: Nachkriegswagen, Bern 1980
Schrader, Halwart: Oldtimer-Lexikon, München 1981
Rosellen, Hanns Peter: Deutsche Kleinwagen, Gerlingen 1977
Prokesch, Alfred: Knaurs großes Buch vom Auto, Ascona 1980
Doleschal/Dombois: Wohin läuft VW? Hamburg 1982
Oswald, Werner: Mercedes-Benz Personenwagen 1886 bis 1984, Stuttgart 1984
Michels, Peter: Vom Blitzkarren zum großen Borgward, Schmallenberg 1982
Boschen, Lothar: Das große Buch der Volkswagen-Typen, Stuttgart 1983
Schrader, Halwart: Mercedes-Benz Automobile, München 1981
Schrader, Halwart: BMW-Automobile, Gerlingen 1978

Zeitschriften:
Hobby, Das Magazin der Technik, verschiedene Ausgaben der fünfziger Jahre
Markt für klassische Automobile und Motorräder, verschiedene Ausgaben
Das Auto, Motor und Sport, verschiedene Ausgaben der fünfziger Jahre
Automobil + Motorrad Chronik, verschiedene Ausgaben
Der Stern, verschiedene Ausgaben der fünfziger Jahre

OS-H 8080